"十一五"浙江省重点教材建设项目

全国高职高专园林类专业规划教材

园林规划设计

主　编　丁夏君　沈　莹

黄河水利出版社

·郑州·

内 容 提 要

本书是"十一五"浙江省重点教材,是全国高职高专园林类专业规划教材。本书主要内容如下:绪论主要讲述园林规划设计的概念、形式与特点、作用;第1章为园林构成要素,主要讲述园林构成要素,包括园林地形、建筑、道路、植物、小品的规划设计等;第2章为园林规划设计的基本理论,主要讲述园林规划设计的依据与原则、基本原理以及方法和程序等;第3~7章系统地讲述了各类园林绿地,包括城市道路交通和高速公路绿地、单位附属绿地、居住区绿地、各类公园及现代城市广场的规划设计等。本书可供高职高专园林类专业学生使用。

图书在版编目(CIP)数据

园林规划设计/丁夏君,沈莹主编. —郑州:黄河水利出版社,
2014.9

ISBN 978 - 7 - 5509 - 0906 - 9

Ⅰ.①园… Ⅱ.①丁… ②沈… Ⅲ.①园林 - 规划 - 高等职业
教育 - 教材 ②园林设计 - 高等职业教育 - 教材 Ⅳ.①TU986

中国版本图书馆 CIP 数据核字(2014)第 205994 号

策划编辑:王志宽 电话:0371 - 66024331 E-mail:wangzhikuan83@126.com

出 版 社:黄河水利出版社
　　　　　　地址:河南省郑州市顺河路黄委会综合楼14层　　　　邮政编码:450003
发行单位:黄河水利出版社
　　　　　　发行部电话:0371 - 66026940、66020550、66028024、66022620(传真)
　　　　　　E-mail:hhslcbs@126.com
承印单位:河南地质彩色印刷厂
开本:787 mm × 1 092 mm　1/16
印张:9.5
字数:219 千字　　　　　　　　　　　　　印数:1—2 000
版次:2014 年 9 月第 1 版　　　　　　　　印次:2014 年 9 月第 1 次印刷

定价:25.00 元

前　言

　　本书是浙江省重点教材,是结合浙江建设职业技术学院多年高职高专教学改革的实践经验,为适应高职高专教育的需要而编写的。

　　全书主要内容有绪论、园林构成要素、园林规划设计的基本理论、城市道路交通和高速公路绿地规划设计、单位附属绿地规划设计、居住区绿地规划设计、各类公园的规划设计、现代城市广场规划设计等。

　　本书由丁夏君、沈莹担任主编,由姚震、杨莉莉、丁岚等参与编写。其中丁夏君、沈莹、姚震编写绪论、第1章、第2章、第6章,杨莉莉编写第3、4章,丁岚编写第5、7章。

　　由于编者水平有限,本书缺点和错误在所难免,敬请读者和同行批评指正,以便于以后修订再版时逐步完善。

编　者

2014 年 6 月

目　录

绪　论

0.1　园林规划设计的概念

园林规划设计就是在一定的地域范围内,运用园林艺术和工程技术手段,通过改造地形(或进一步筑山、叠石、理水),种植树木、花草,营造建筑和布置园路等途径创作而成的美的自然环境和生活、游憩境域的过程。它包括文学、艺术、生物、生态、工程、建筑等诸多领域,是一种改善人们使用与体验户外空间的艺术。

园林规划设计的最终成果是园林规划设计图和说明书。但是,它不同于林业规划设计,因为园林规划设计不仅要考虑经济、技术和生态问题,还要考虑艺术上美的问题,要把自然美融入到生态美中。同时,还要借助建筑美、绘画美、文学美和人文美来增强自身的表现能力。

0.2　园林规划设计的形式与特点

古今中外的园林,虽然表现方法不一,风格各异,但其形式主要有三种:规则式、自然式、混合式。

0.2.1　规则式

规则式的布局方式强调整齐、对称和均衡。其最为明显的特点就是有明显的轴线,园林要素的应用以轴线为基础依次展开,追求几何图案美(见图0-1)。

图 0-1　规则式广场铺装

这种规划形式中以建筑及建筑所形成的空间为主体。西方园林在18世纪英国出现风景式园林之前,基本上以规则式为主。其中以文艺复兴时期意大利台地园林和17世纪法国勒诺特的凡尔赛宫为代表。在东方园林体系中,规则式园林也有运用,如北京天坛、南京中山陵等。

在这种规划形式中,整个园林的平面布局、立体造型以及建筑、广场、道路、水面、花草树木等要求严整对称,体现人工的几何图案美,给人以庄严、雄伟、整齐之感。规则式一般用于宫苑、纪念性园林或有对称轴的建筑庭院中。其园林要素的特点主要如下。

1. 地形地势

平地类型:由不同标高的平地、缓坡组成,不同标高的地形之间有台阶连接。

丘陵类型:由阶梯台地、倾斜地面及石级组成,剖面线为直线组合。

2. 水体

规则式园林中的水体多以水池的形式为主,其外形为几何形,驳岸严整,常采用整齐式驳岸或护坡。为表现整齐的效果,常以整形水池、壁泉、喷泉、整形瀑布为主,运用雕塑等其他园林小品配合形成水体景观。

3. 建筑

建筑外形为规则式的几何形,如有建筑群,建筑群的轴线与园林的轴线重合或对称布置。

4. 道路、广场

道路的平面和立面线条都为直线或规则的曲线,其形式多为直线几何式、环状放射形等。

5. 植物

植物的配置按一定的株行距,沿轴线对称设置,植物多进行人工整形。

0.2.2　自然式

自然式以模仿自然为主,不要求严整对称。布置形式活泼多变,讲究师法自然(见图 0-2)。其主要特点如下。

图 0-2　自然式山水

1. 地形地势

多利用自然地形,因势就形,地形断面多为缓和曲线。

2. 水体

水体轮廓多为自然曲线,水岸多用自然山石驳岸或护坡,或作倾斜的斜坡,水体形式为拟自然式水体。

3.建筑

建筑的布局无规律,建筑的布局地点自然散落在园林中,建筑因景而设,不受轴线影响。

4.道路、广场

道路的平、立面轮廓为自然曲线。广场一般采用疏林草地或其他形式,广场在自然式园林中布置较少。

5.植物

植物以孤植、丛植、群植为主,模仿生态群落,采用自然式修剪法。

0.2.3　混合式

混合式园林综合规则式与自然式两种类型的特点,把它们有机地结合在一起,这种形式于现代园林中,既可发挥自然式布局设计的传统手法,又能吸收规则式布局的优点,创造出既有整齐明朗、色彩鲜艳的规则部分,又有丰富多彩、变化无穷的自然式部分。其手法是在较大的现代园林建筑周围或构图中心,采用规则式布局;在远离主要建筑物的部分,采用自然式布局。

0.3　园林规划设计的作用

0.3.1　生态效益

在经济繁荣、人口剧增之下,随之而来的公害污染和生存环境的恶化问题,使得都市居民无不渴望绿色的自然,回归大自然的怀抱。绿化、美化的生活环境,不但可消除都市的喧嚣,消除市民身心的疲劳,使其情绪安定,同时还可以改善都市的物理环境,促进市民的身心健康。

1.净化城市空气,维持碳氧平衡

空气和水一样,是人们不可或缺的生存要素,而城市人口密集,交通量大,大小工厂林立,使得空气污染日益严重,威胁着人们的健康。通常情况下,大气中的二氧化碳含量为0.03%左右,氧气含量为21%,随着城市工业化的发展,工业化产生的废水、废气、燃烧烟尘和噪声也越来越多,相应的氧含量减少,二氧化碳含量增多。园林绿地中,树木有光合作用,可吸收大量的二氧化碳,放出大量氧气,从而改善环境,促进城市生态良性发展。因此,在园林规划设计中应对不同的场地进行不同的设计,尽量做到最生态、最环保。

2.调节微气候,缓解热岛效应

植物群落中产生的绿荫可遮挡烈日及产生微风以降低气温,减少炎夏的酷暑。若城市里的绿地分布均匀,就可以调节整个城市的气候。

所谓城市热岛效应,通俗地讲就是城市化的发展,导致城市中的气温高于外围郊区的现象。在气象学近地面大气等温线图上,郊外的广阔地区气温变化很小,如同一个平静的海面,而城区则是一个明显的高温区,如同突出海面的岛屿,由于这种岛屿代表着高温的城市区域,所以就被形象地称为城市热岛。在夏季,城市局部地区的气温比郊区高6℃甚至更高,形成高强度的热岛。

园林规划设计的目的就是规划设计出布局合理的城市园林绿地系统,可以在高温的建筑群之间交错形成连续的低温地带,将集中型热岛缓解为多中心型热岛,以起到良好的降温作用,使人感到舒适。

3.减少噪声污染

绿化种植可作有效的缓冲,减少噪声,枝叶茂密的常绿树具有吸收噪声及遮声效果,能减弱噪声,促进环境的安宁。

例如阔叶乔木和灌木可以用来降低噪声,这已在城市绿化中得到了普遍应用。对于临街居住的房子,不妨在阳台或窗台上摆放一些阔叶植物,叶面错落交叠的植物效果最佳,可以使户外嘈杂的声音在传入室内的过程中受到茎叶阻隔。此类植物有龟背竹、金绿萝、常青藤、文竹、吊兰、秋海棠、菊花等。

0.3.2　社会效益

1.满足人们感官上的需求

园林规划设计是依据美的原则,构成空间美的立体艺术,有高度、宽度与深度,有静态的形式美及动态的形式美。因此,人的感官在视觉、听觉、嗅觉、味觉、触觉上的需求与满足,可由园林规划设计所创造的真善美的环境中获得,如欣赏美的事物,倾听悦耳的鸟鸣、水声、风林声及感受扑鼻的花香等。

寄情于山水花木之间,最能陶养性情。山清水秀的景观,使得生活环境得以改善美化。绿地空间可以提供居民日常生活的游憩场所,或作为人们互相沟通情感的场所。在娱乐之余,人们在绿地中认识自然与环境,在潜移默化之下,更能产生爱护大自然之情。另外,还可通过参加园艺活动活动筋骨,养成劳动服务精神,亦可减少犯罪。

2.增进人们身心健康

庭园或公园不但可以提供新鲜的空气,亦可提供运动器材设备,除游乐外,人们还可以开展多种形式的活动,使人们在游憩中受到教育,增长知识,提高文化素质。从心理学角度上来看,交往是指两个以上的人为了交流有关认识性与情绪评价性的信息而相互作用的过程。交往需要是人作为社会中一员的基本需要,也是社会生活的组成部分。同时,人们在交往过程中实现自我价值,属于人的高级精神需求。园林绿地为人们的社会交往提供了不同类型的交往空间。大型空间为公共性交往提供了场所;小型空间是社会性交往的理想选择;私密型空间给熟悉的朋友、亲人、恋人提供了良好的氛围。

3.给予人们心理的安定感

绿色象征生命力、活力、和谐。绿色可以安定人心,增加安全感,而人们普遍要求的"绿色"形象能产生精神上的安定效能。因此,绿色的保全与创造是不可或缺的。绿地空间可作为防灾避难场所,如植物可以防止延烧、作为防风林带、提供空间以防震灾,水池能起消防作用。如在日本这个多地震国家其公园法案中就明确规定了公园这一社会功能,这更反映出城市园林绿化对于城市安全的贡献。

0.3.3　经济效益

一个城市园林规划设计水平的高低是城市建设管理水平和市民素质的体现,堪称城市的"活广告",高水准的城市园林绿化可以有力推动城市经济建设,改善投资环境,这早已成为人们的共识。"北方明珠"大连市通过大搞园林绿化建设,使许多过去无人问津的荒废土地变成了投资的"黄金宝地"。据介绍,有些地段甚至增值数十倍,这方面的经验很值得我们学习借鉴。

复习思考题

1.什么是园林规划设计?

2.园林规划设计的形式和特点有哪些?

3.园林规划设计的作用有哪些?

第1章 园林构成要素

一座园林在一般情况下,总是土地、水体、植物和建筑这四者的结合。因此,筑山、理水、植物配置、建筑营造便相应地成为造园的四大要素。园林规划设计时,应对组成要素综合考虑,分别对待,而不是孤立地去考虑某一园林组成要素。

1.1 园林地形及山水设计

地形是地貌和地物的总称。地球表面三度空间的起伏变化称为地貌。地物是指地表面的固定物体。园林地形是人为风景的艺术概括。不同地形、地貌反映出不同的景观特征,它影响园林布局和园林风格。有了良好的地形,才有可能产生良好的景观效果。

1.1.1 地形的功能与作用

1. 分隔空间

地形可以不同的方式创造和限制外部空间。平地是一种缺乏垂直限制的平面因素,视觉上缺乏空间限制;而坡地的地面较高点则占据了垂直面的一部分,并且能够限制和封闭空间。斜坡越陡、越高,户外空间感就越强烈。地形除能限制空间外,还能影响一个空间的气氛。平坦、起伏平缓的地形能给人以美的享受和轻松感,而陡峭崎岖的地形极易在一个空间中造成令人兴奋的感受。地形不仅可制约一个空间的边缘,还可制约其走向。一个空间的总走向,一般都朝向开阔视野。地形一侧为一片高地,而另一侧为一片低矮地时,空间就可形成一种朝向较低、更开阔一方,而背离高地空间的走向。

2. 控制视线

地形能在景观中将视线导向某一特定点,影响某一固定点的可视景物和可见范围,形成连续观赏或景观序列,或完全封闭通向不悦景物的视线。为了能在环境中使视线停留在某一特殊焦点上,可在视线的一侧或两侧将地形增高,在这种地形中,视线两侧的较高地面犹如视野屏障,封锁了分散的视线,从而使视线集中到景物上。地形的另一类似功能是构成一系列赏景点,以此来观赏某一景物或空间。

3. 影响旅游线路和速度

地形可被用在外部环境中,影响行人和车辆运行的方向、速度和节奏。在园林设计中,可用地形的高低变化、坡度的陡缓以及道路的宽窄、曲直变化等来影响和控制游人的游览线路及速度。在平坦的土地上,人们的步伐稳健持续,无需花费什么力气。而在变化的地形上,随着地面坡度的增加,或障碍物的出现,游览也就越发困难。为了上、下坡,人们就必须使出更多的力气,时间也就延长,中途的停顿休息也就逐渐增多。对于步行者来说,在上、下坡时,其平衡性受到干扰,每走一步都必须格外小心,最终导致尽可能地减少穿越斜坡的行动。

4. 改善小气候

地形可影响园林某一区域的光照、温度、风速和湿度等。从采光方面来说,朝南的坡面一年中大部分时间都保持较温暖和宜人的状态;从风的角度来说,凸面地形、瘠地或土丘等,可以阻挡刮向某一场所的冬季寒风。反过来,地形也可被用来收集和引导夏季风。夏季风可以被引导穿过两高地之间形成的谷地或洼地、马鞍形的空间。

5. 美学功能

地形可被当作布局和视觉要素来使用。在大多数情况下,土壤是一种可塑性物质,它能被塑造成具有各种特性、具有美学价值的悦目的实体和虚体。地形有许多潜在的视觉特性。作为地形的土壤,可将其成形为柔软、具有美感的形状,这样它便能轻易地捕捉视线,并使其穿越于景观;借助于岩石和水泥,地形便被浇筑成具有清晰边缘和平面的挺括形状结构。地形的每一种上述功能,都可使一个设计具有明显差异的视觉特性和视觉感。

地形不仅可被组合成各种不同的形状,而且它还能在阳光和气候的影响下产生不同的视觉效应。阳光照射某一特殊地形,并由此产生的阴影变化,一般都会产生一种赏心悦目的效果。当然,这些情形每一天、每个季节都在发生变化。此外,降雨和降雾所产生的视觉效应,也能改变地形的外貌。

1.1.2　地形处理应考虑的因素

1. 利用原有地形

自然风景类型甚多,有山岳、丘陵、草原、沙漠、江河、湖海等景观,在这样的地段上,主要是利用原有地形,或只需稍加人工点缀和润色,便能成为风景名胜。这就是"自成天然之趣,不烦人工之事"的道理。考虑利用原有地形时,选址是很重要的。有良好的自然条件可以借用,能取得事半功倍的效果。

2. 根据园林分区处理地形

在园林绿地中,开展的活动内容很多。不同的活动,对地形有不同的要求。如游人集中的地方和体育活动场所,要求地形平坦;划船游泳,需要有河流湖泊;登高眺望,需要有高地山冈;文娱活动需要许多室内外活动场地;安静休息和游览赏景则要求有山林溪流等。在园林建设中,必须考虑不同分区有不同的地形,而地形变化本身也能形成灵活多变的园林空间,创造出景区的园中园,比用建筑创造的空间更具有生气、更有自然野趣。

3. 要有利于园林地面排水

园林绿地每天有大量游人,雨后绿地中不能有积水,这样才能尽量供游人活动。园林中常用自然地形的坡度进行排水。因此,在创造一定起伏的地形时,要合理安排分水和汇水线,保证地形具有较好的自然排水条件。园林中每块绿地应有一定的排水方向,可直接流入水体或是由铺装路面排入水体,排水坡度可允许有起伏,但总的排水方向应该明确。

4. 要考虑坡面的稳定性

如果地形起伏过大,或坡度不大但同一坡度的坡面延伸过长时,则会引起地表径流,产生坡面滑坡。因此,地形起伏应适度,坡长应适中。一般来说,坡度小于1%的地形易积水,地表面不稳定;坡度介于1%～5%的地形排水较理想,适合于大多数活动内容的安排,但当同一坡面过长时,显得较单调,易形成地表径流;坡度介于5%～10%的地形排水良好,而且具有起伏感;坡度大于10%的地形只能局部小范围地加以利用。

5. 要考虑为植物栽培创造条件

城市园林用地不尽适合植物生长,因此在进行园林设计时,要通过利用和改造地形,为植物的生长发育创造良好的环境条件。城市中较低洼的地形,可挖土堆山,抬高地面,以适宜多数乔灌木的生长。利用地形坡面,创造一个相对温暖的小气候条件,满足喜温植物的生长等。

6. 配置植物要从总体着眼

在平面上要注意配置的疏密和轮廓线,在竖向上要注意树冠线,树林中要组织透视线。要重视植物的景观层次,即远近观赏效果,远观常欣赏整体、大片效果,如大片秋叶,近看才欣赏单株树型、花、果、叶等姿态。更主要的是要考虑庭园种植方式的配置,切忌苗圃式的种植。配置植物要处理好与建筑、山、水、道路的关系。植物的个体选择,也要先看总体,如体型、高矮、大小、轮廓,其次才是叶、枝、花、果。

1.1.3 地形处理的方法

1. 巧借地形

①利用环抱的土山或人工土丘挡风,创造向阳盆地和局部的小气候,阻挡当地常年有害风雪的侵袭。

②利用起伏地形,适当加大高差至超过人的视线高度(1 700 mm),按"俗则屏之"原则进行"障景"。

③以土代墙,利用地形"围而不障",以起伏连绵的土山代替景墙以"隔景"。

2. 巧改地形

建造平台园地或在坡地上修筑道路或建造房屋时,采用半挖半填式进行改造,可起到事半功倍的效果。

3. 土方的平衡与园林造景相结合

尽可能就地平衡土方,挖池、堆山与造堤相配合,使土方就近平衡,相得益彰。

4. 考虑地形风向

在安排与地形风向有关的旅游服务设施等有特殊要求的用地时,应考虑地形风向,如风帆码头、烧烤场地等。

1.1.4 地形的形式及设计

园林陆地可分为平地、坡地和山地三类。

1. 平地

在平坦的地形中,为排水方便,要求平地有3% ~5%的坡度,造成大面积平地有一定的起伏,形成自然式的起伏柔和的地形。并要尽量利用道路、明沟排除地面水。

平地可作为集散广场、交通广场、草地、建筑等方面的用地,以接纳和疏散人群,组织各种活动或供游人游览和休息。平地在视觉上空旷、宽阔,视线遥远,景物不被遮挡,具有强烈的视觉连续性。平坦地面能与水平造型互相协调,使其很自然的同外部环境相吻合,并与地面垂直造型形成强烈的对比,使景物突出。

平地按地面的材料可分为如下几种。

（1）土地面

土地面可用作文体活动的场地，如在树林中的场地即林中空地，有树林的蔽阴，宜于夏日活动和游憩。但在公园中应力求减少裸露的土地面积。

（2）沙石地面

有些平地有天然的岩石、卵石或沙砾，可视其情况用作活动场地或风景游憩地。

（3）铺装地面

铺装地面可用作游人集散的广场、观赏景色的停留地点、开展文体活动的场地等。

铺装可以是规则的，也可以结合自然环境做成不规则的（见图1-1）。

图1-1　各类地面铺装

（4）种植的地面

在平地上植以花草树木，形成不同的用途与景观。大片草坪有开朗的感觉，可作为文体活动和坐卧休息的场地。平地种植花卉形成花境可供游人观赏。平地植树形成树林，亦可供观赏游憩。

2. 坡地

坡地就是倾斜的地面，因地面倾斜的角度不同，可分为三种。

①缓坡：坡度在8%～12%，一般仍可作有些活动场地之用。

②中坡：坡度在12%～20%。

③陡坡：坡度在20%～40%，作一般活动场地较困难，在地形合适有平地配合时，可利用地形的坡度作观众的看台或植物的种植用地。

变化的地形可以从缓坡逐渐过渡到陡坡与山体联结，在临水的一面以缓坡逐渐伸入水中。这些地形环境除作为活动的场所外，还是欣赏景色、游览休息的好地方。在坡地中要获得平地，可以选择较平缓的坡地，修筑挡土墙，削高填低，或将缓坡地改造成有起伏变化的地形。挡土墙亦可处理成自然式的。

3. 山地

山地包括自然的山地和人工堆山叠石。山地的坡度一般大于或等于25%。园林中山地往往是利用原有地形，适当改造而成的。因山地常能构成风景，具有组织空间、丰富园林景观的作用，故在没有山的平原城市，也常希望在园林中设置山景。一般用挖湖的土方堆成山，在园林中称其为假山，它虽不同于自然风景中的雄伟挺拔或苍阔奇秀的真山，但它以独有的风姿，在园林中起到骨干作用。

（1）按山的主要材料分类

按山的主要材料可以分为土山、石山和土石混合山。

①土山可以利用园内挖出的土方堆置，投资比石山少。土山的坡度要利于保持水土，否则要进行工程处理。一般由平缓的坡度逐渐变陡，故山体较高时则占地面积较大。

②由于堆置的手法不同，石山可以形成峥嵘、妩媚、玲珑、顽拙等多变的景观，并且因不受坡度的限制，在占地不大的情况下，亦能达到较大的高度（见图1-2）。石山上不能多植树木，但可穴植或预留种植坑。石料宜就地取材，否则投资太大。

③土石混合山是以土为主体的基本结构，表面再加以点石（见图1-3）。因基本上还是以土堆置的，所以占地也比较大，只在部分山坡使用石块挡土，故占地可局部减少。依点置和堆叠的山石数量占山体的比例不同，山体呈现为以石为主或以土为主，山上之石与山下之石宜通过置石联系起来。因用石量比石山少，且便于种植构景，故现在造园中常常应用。

图1-2　石山

图1-3　土石混合山

（2）按山的游览使用方式分类

按山的游览使用方式可分为观赏的山与登临的山。

①观赏的山是以山体构成丰富的地形景观，仅供人观赏，不可攀登。现代园林面积大，活动内容多，可利用山体分隔空间，以形成一些相对独立的场地。分散的场地，以山体蜿蜒相连，还可以起到景观的联系作用。在园路和交叉口旁边的山体，可以防止游人任意穿行绿地，起组织观赏视线和导游的作用。在地下水位过高的地段堆置土山，可以为植物的生长创造条件。山体的形状应按观赏和功能的要求来考虑，有的是一个山呈带状的或几个山峰组合的山，可有"横看成岭侧成峰"的变化。几个山峰组合的山，其大小高低应有主从的区别，这样从各个方向观赏可以有不同的山体形状和层次的变化。观赏的山其高度可以比登临的山低些，但要在1.5 m以上，否则一眼望穿不能起到组景的作用。

②登临的山因游人身临其境，故山体不能太小太低，并且人在山上希望登高远眺，山体的高度一般应高出平地乔木的浓密树冠线，在10～30 m。这和山体的大小、树木的种植有较大的关系。如果山体与大片的平地或水面相连，高大的乔木较少，则山体的高度可以适当降低。山体的体形和位置要根据登山游览及眺望的要求考虑。在山上适当设置一些建筑或小平台，作为游览的休息点、眺望的观景点，也是山体风景的组成部分。山上建筑的体量及造型应该与山体的体量及高低相适应。建筑可建在山麓的缓坡上，亦可建在山势险峻的峭壁间、山顶或山腰等处，能形成不同效果的景色。休息建筑宜在山的南坡，

冷天可以有较好的小气候。山顶是游人登临的终点,应着意布置,但一般不宜将建筑设在山顶的最高点,使建筑失去山体的背景,并使山体的体形呆滞。在山体上的建筑物,必须配合山体的地形,符合游览与观赏的功能要求,使山体与建筑达到相得益彰的效果。

登临的山因体形较大,在园林中常成为主景。可观可游山体的朝向应以景色最好的一面对着游人的主要方向。如武汉黄鹤楼坐落在龟山之上。

登临的山最好与水能取得联系,使山间有水,水畔有山。我国的画论中说,"水得地而流,地得水而柔";"山无水泉则不活"。还有喻山为骨骼、水为血脉、建筑为眼睛、道路为经络、树木花草为毛发的说法等。

体量大的山体与大片的水面,一般以山居北面,水在南面,以山体挡住寒风,使南坡有较好的小气候。山坡南缓北陡,便于游人活动和植物的生长。山南向阳面的景物有明快的色彩。如山南有宽阔的水面,则回光倒影,易取得优美的景观。

1.1.5　假山

我国聚土构石为山始于秦汉时期,从聚土构石到山石堆叠、孤置赏石,直至现代的塑石、塑山的出现,假山堆叠是我国园林艺术的特点之一。

园林中的假山应以原来的地貌为依据,就低掘池得土可构岗阜,因势而堆掇可为独山,也可为群山,"一山有一山之形,群山有群山之势","山之体势不一,或崔巍、或嵯峨、或崎拔、或苍润、或明秀"。可以看出,园林中的假山,每一组石都是模拟真山的特征,加以人工艺术提炼、概括,使之具有典型化,进而使自然界中的真山在园林中得以艺术再现。它和自然界中的真山相比,体量不是很大,然而却有石骨嶙峋、植被苍翠的特征,加之独立或散点的置石形式,会使游人很自然联想起深山幽林、奇峰怪石等自然景观,体验到自然山林之意趣(见图1-4)。

图1-4　假山

假山是以天然真山为蓝本,加以艺术提炼和夸张,用人工再造山的景观。它是以造景、游赏为主要目的,同时结合其他功能而发挥其综合作用。在园林中的假山体量有的较大,可观、可游。

1. 假山的分类

按假山堆叠的形式可分为仿云式、仿山式、仿生式、仿器设、仿抽象雕塑等类型。可用石景代表历史或传说,如试剑石、望夫石等;还可用假山做出四季景观,如扬州个园。

利用山石堆叠构成山体的形态有峰、峦、岭、嵓、岗、岩、崖、坞、谷、丘、壑、岫、洞、麓、台、蹬道等,构成水体组合的体态有泉、瀑、潭、池、湖、矶、溪、涧、汀步等。

景观效果好的假山,多半是土石相间,山水相依,花木繁盛,再现自然。北京北海公园琼岛后山是今存最大、最宏伟而富自然山色的假山,被园林专家称为"其假山规模之大、艺术之精巧、意境之浪漫,不仅是中国仅有的孤本,也是世界上独一无二的珍品"。

2. 置石

园林中除用山石叠山外,还可以用山石零星布置,作独立或附属的造景布置,称为置石或点石。点置时,山石半埋半露,别有风趣,以点缀局部景点,如建筑的基础、抱角镶隅、土山、水畔、护坡、庭院、墙角、墙面装饰、路旁、树下、代替桌凳、花台、树池边缘、蹲配、如意踏跺等,作为观赏、引导和联系空间用。置石用料不多,体量较小而分散,且结构简单,所以与假山比,容易实现。正因为置石篇幅不大,这就要求造景的目的性更加明确,格局严谨,手法洗练,"寓浓于淡"。只要安置有情,就能点石成景,别有韵姿,予人以"片山多致,寸石生情"的感受。

置石的布置形式可分为特置、散置和群置。

(1)特置

特置又称孤置,多以整块体量巨大、造型奇特和质地、色彩特殊的石材作成。常用作园林入口的障景和对景,漏窗或地穴的对景。这种石也可置于廊间、亭下、水边,作为局部空间的构景中心。如北京颐和园的"青芝岫",故宫御花园内的钟乳石、珊瑚石、木化石等。特置也可以小拼大,不一定都是整块的立峰。

湖石特置传统的欣赏标准是"透、漏、瘦、皱、丑"。峰石除孤置外,也可与山石组合布置。苏州著名的峰石有瑞云峰、冠云峰、朵云峰、岫云峰等。此外,还有上海豫园的"玉玲珑"、南京的"童子拜观音"、北京颐和园的"青芝岫"、北海公园的"云起"等。

(2)散置

散置即所谓"攒三聚五"、"散漫理之"的布置形式,布局要求将大小不等的山石零星布置,有散有聚、有立有卧、主次分明、顾盼呼应,从而使之成为一个有机整体,看起来毫无零乱散漫或整齐划一的感觉。散点的石姿没有特置的严格,它的布局无定式,通常布置在廊间、粉墙前、山脚、山坡、水畔等处,亦可就势落石。

(3)群置

群置是指几块山石成组地排列在一起,作为一个群体来表现,其设计手法及位置布局与散置基本相同,只是群置所占空间比散置大,堆数也可增多,但就其布置的特征而言,仍属散置范畴,只不过是以多代少,以大代小而已。

国外也有应用假山、峰石、岩石装饰庭园的,如日本的枯山水。

现代园林中常建有狮、虎、熊、猴等活动栖息的假山,盆景专类园中还有山水盆景等。

3. 叠石

叠石是堆叠山石构成的艺术造型,要有天然巧夺之趣,而不露斧凿之痕。历来有堆石效仿狮、虎、龙、龟的说法,但不免易落俗套。叠石的关键在于"源石之生,辨石之态,识石之灵",即应根据石性——石块的阴阳向背、纹理脉络、石形石质使叠石形象生动优美。

叠石艺术处理的要点如下:

①宾主分明。从总体、局部直到一堆峰石小品都要主、次、配分明。以一个为主,其余为宾,宾的体量应小于主,不宜喧宾夺主。不仅在一个视线方向上,而且要在可见的视域范围内,都要有宾主分明的效果。

②层次深远。前后的层次表现远近,上下的层次表现高低,群山要有层次,一山的本身及一丛山石也要有层次,还要考虑从不同角度观赏的层次。山有三远:自山下而仰山巅,谓之高远;自山前而窥山后,谓之深远;自近山而望远山,谓之平远。

③呼应顾盼。园林设景要相互照应,叠山点石按山体的脉络、岩层的走向、峰峦的向背俯仰考虑布置,要相互关联,气脉相通。宾主之间要有顾盼,层次之间相互衬托。

④起伏曲折。从山麓到山顶要有波浪式的高低,形成起伏的山形,山与山之间形成宾主层次,造成全局的大起伏。山的起脚需弯环曲折,形成山回路转之势。宋代郭熙《林泉高致》谓:山近看如此,远数里看又如此,远数十里看又如此,每远每异,所谓山形步步移也。如此是一山而兼数十百山之形状,可得不悉乎!

⑤疏密虚实。群山或小景都应该有疏有密,有虚有实,相互对比,切忌均匀划一,平淡无奇。虚实对比如环山之中有余地,则山为实,地为虚。重山之间有间距,则山体为实,间距为虚。山有冈峦洞壑,则冈峦为实,洞壑为虚。壁山以壁为纸,以石为绘,则有石处为实,无石处为虚。景观不论大小,必须虚实互用,方能得体。虚处要分散疏松,实处要集中紧密,对比之下则更能增加变化不同的效果。

⑥轻重凹凸。叠山用石的数量要适当,形状要有凹凸,数量过多则臃肿不灵,显得笨重;过少则单薄寡味,又嫌太轻,轻重配合才能自然。例如:一座主石山,其势宜重;悬崖飞石,其势宜轻。群山之间,小景内部都宜有轻有重,相互衬托。叠石的凹凸犹如画家的线条和皴法,叠石必须凹凸得宜。

选石不可杂,例如湖石玲珑奇巧,黄石古拙端重,其性质不同则不可混杂使用。纹理不可乱,同品种的石纹,有粗细横直、疏密隐显的不同,故应以协调的放在一处。石块不可匀,必须有大有小,有高有低,方能生动自然。缝隙不可多,石料应以大块为主,小块为辅,可减少缝隙。叠石手法宜自然生动,不宜规则排比。要胸有丘壑,方能叠石自然。

1.1.6　水体

中国园林以山水为特色,"水随山转,山因水活",水体能使园林产生很多生动活泼的景观,从自然山水风景到人工造园,山水始终是景观表现的主要素材。园林中的理水同掇山一样,不是对自然风景的简单模仿,而是对自然风景作抒情写意的艺术再现,经过园林艺术加工而创造出不同的水型景观,予人以不同情趣的感受。较大的水面往往是城市河湖水系的一部分,可以用来开展水上活动,有利于蓄洪排涝,调节小气候,提高空气湿度,净化空气,有利于环境卫生,还可以供给灌溉、养鱼和消防用水及种植水生植物。园林中的水体,多为天然水体略加人工改造或掘池而形成的(见图1-5)。

图1-5　水体

1.水源的种类

①引用原河湖的地表水;

②利用天然涌出的泉水;

③利用地下水;

④人工水源,直接用城市自来水或设深井水泵抽水。

2.水体的类型

水体的形式相当丰富,按不同的分类方式划分如下。

(1)按水体的形式分

①自然式的水体:是指保持天然的或模仿天然形状的河、湖、溪、涧、泉、瀑等水体。在园林中随地形而变化,有聚有散,有曲有直,有高有下,有动有静。

②规则式的水体:是指人工开凿成的几何形状的水面,如规则式水池、运河、水渠、方潭、水井,以及几何体的喷泉、叠水、瀑布等,常与山石、雕塑、花坛、花架、铺地、路灯等园林小品组合成景。

③混合式水体:是两种形式的交替穿插或协调使用。

(2)按水流的状态分

①静态水体:如海、湖泊、池沼及潭等,可反映出倒影、粼粼的微波、潋滟的水光给人以明洁、清宁、开朗或幽深的感受。

②动态水体:如瀑布、喷泉、溪流、涌泉等,给人以清新明快、变化多样、激动、兴奋之感,并予人视听上的双重美感。

(3)按水体的使用功能分

①观赏的水体:可以较小,主要为构景之用,水面有波光倒影,又能成为风景透视线,水体可设岛、堤、桥、点石、雕塑、喷泉、水生植物等,岸边可进行不同处理,构成不同景色。

②开展水上活动的水体:一般水面较大,有适当的水深,水质好,活动与观赏相结合。

3. 园林中常见的水景形式

（1）湖、池

湖、池多按自然式布置，水岸曲折多变，沿岸因境设景，在我国古典园林和现代园林中，湖、池常作为园林构图中心。园林中观赏的水面空间，面积不大时，宜以聚为主，大面积的水面可以分隔，广阔的水面虽有"烟波浩淼"之感，但容易显得单调贫乏，故在园林中常将大水面划分成几个不同的空间，情趣各异，形成丰富的景观层次（见图1-6）。

图1-6　池

（2）溪、涧

溪、涧由山间至山麓，集山水而下，至平地时汇聚了许多条溪、涧的水量而形成河流。一般溪浅而阔，涧狭而深。在园林中如有条件时，可设溪涧。溪涧应左右弯曲，萦回于岩石山林间，或环绕亭榭或穿岩入洞；应有分有合，有收有放，构成大小不同的水面与宽窄各异的水流。溪涧垂直处理应随地形变化，形成跌水和瀑布，落水处则可以成深潭幽谷与宽窄各异的水流。

（3）瀑布、跌水、落水

瀑布、跌水、落水是根据水势高差形成的一种动态水景观，有溪流、山涧、跌水、瀑布、漫水等，一般瀑布又可分为挂瀑、帘瀑、叠瀑、飞瀑等形式。落水可分直落、分落、断落、滑落等。

瀑布是自然界的壮观景色，园林中只能仿其意境。靠自来水则耗费太大，多于假日、节日偶尔用之。循环供水以水管引水入贮水池，利用地形高差形成瀑布和跌水，再将受水潭内的集水用水泵吸至水管，再引入贮水池内循环使用。这样消耗的水量较少，但费电较多，需要防止马达声响，并且不能与溪流结合，只能少量使用。贮水池内水流经悬崖下落处为落水口，落水口由山石砌成，落水口的形成决定瀑布的形式，水口宽的瀑身呈帘布状，水口狭的呈线状、柱状。山可分水为两股或多股。落水口的山石因受水流冲击应结合牢固。瀑身是瀑布的主要观赏面，有直射而下的直落、分成数叠的叠落、先直落再在空中散成云雾状或被山石分为许多细流的散落。瀑身的长度和宽度视水量而定，因受水流冲击多为石砌（见图1-7）。

图 1-7 瀑布

（4）井

井在园林中有时结合故事传说，或因水质甘洌等也可成为一景。例如镇江焦山公园的东冷泉井、杭州净慧寺枯木井和四眼井（见图 1-8）等，还可在井上或井边建亭、台、廊等建筑以丰富景色。

图 1-8 杭州四眼井

（5）潭

潭乃深水坑也。但作为风景名胜的潭，绝非"深水坑"三个字所能蔽之，它必具有奇丽的景观和诗一般的情意。

因潭景著称的风景区很多，如泰山黑龙潭、杭州西湖的三潭印月等。

潭给人的情趣不同于溪、涧、湖、井，是人工水景中不可缺少的题材。潭与瀑相联系，潭上设瀑则是历来造潭的格局，如陕西麟游县的玉女潭，两面高山夹涧，峥嵘直似刀削，四面怪石似狮蹲、虎踞，险若坠落。潭为长方形，广约半亩，绿波荡漾，水声飞鸣，百尺狂澜，从半山飞泻而下，十分壮观。杜甫诗：绝谷空山玉女潭，深源滚滚出青蓝。冲开巨峡千年石，泻入成龙百尺澜。惊浪翻空蝉恍若，雄风展地鼓滇然。翠华当日时游幸，几度临流奏管弦。

潭景并不限于与瀑相连，潭与泉、溪、涧、湖都可相连，形成丰富多彩的潭景。

（6）泉

园林中可利用天然泉设景，也可造人工泉。泉是地下水的自然露头，因水温不同分为冷泉与温泉；又因表现形态不同而分为喷泉、涌泉、溢泉、间歇泉等。喷泉又叫喷水，是理水的重要手法，常用于城市广场、公园、公共建筑或作为建筑、园林的小品，广泛应用于室内外空间。它常与水池、雕塑同时设计，结合为一体，起装饰和点缀园景的作用。喷泉在现代园林中应用非常广泛，其形式多种多样，有单喷头、多喷头、动植物雕塑喷水等。其喷流有直立向上或自由下流，从泉池四周向中心喷射或在泉池中心垂直向上形成水柱，呈抛物线或水柱交织成网，有单层或多层重叠等变化。喷泉位置常设于建筑、广场、花坛、轴线交点和端点处。另外，喷泉又可分为一般喷泉、时控喷泉、声控喷泉、灯火喷泉等。为使喷水线条清晰，常以深色景物为背景。

喷泉的位置选择以及布置喷水池周围的环境时，首先要考虑喷泉的主题、形式，要与环境相协调，把喷泉和环境统一起来考虑，用环境渲染和烘托喷泉，以达到装饰环境的目的，或借助喷泉的艺术联想，创造意境。在一般情况下，喷泉的位置多设于建筑、广场的轴线焦点或端点处，也根据环境特点，布置一些喷泉小景，自由地装饰室内外的空间。

（7）闸坝

闸坝是控制水流出入某段水体的工程构筑物，主要作用是蓄水和泄水，设于水体的进水口和出水口。水闸分为进水闸、节制水闸、分水闸、排洪闸等。水坝有土坝（草坪或铺石护坡）、石坝（滚水坝、阶梯坝、分水坝等）、橡皮坝（可充水、放水）等。园林中的闸、坝多与建筑、假山配合，形成园林造景的一部分。

（8）水岸

园林中水岸的处理直接影响水景的面貌。水岸可有缓坡、陡坡，甚至垂直山挑。当岸坡角度小于土壤安息角时，可用土壤的自然坡度。有时为防止水土的冲刷，可以种植植物，使植物根系保护岸坡，也可设人工砌筑的护坡。当岸坡角度大于土壤安息角时，则需人工砌筑成驳岸。按驳岸的形式，可以有规则式的和自然式的两种。规则式的驳岸系以石料、砖或混凝土等砌筑的整形岸壁。自然式的驳岸则有自然的曲折、高低等变化或以假山石堆砌而成。为使山石驳岸稳定，石下应有坚实的基础，例如按土质的情况可用梅花桩，其上铺大块扁平石料或条石，基础部分应在水位以下，上面以姿态古拙的山石堆叠成假山石驳岸。在较小的水面中，一般水岸不宜有较长的直线，岸面不宜离水面太高。假山石岸常于凹凸处设石矶挑出水面,或留洞穴使水在石下望之深邃黝黑,似有泉源,或于石缝间植藤蔓低垂水面。建筑临水处往往凸出几块叠石或植灌木,以打破岸线的平直单调,或使水岸延伸于建筑之下,使水面幽深。例如苏州网师园,水岸结合水景特点叠石,高低大小,前后错落,变化多端(见图1-9)。

图1-9　网师园的水岸

水岸常随水位的涨落而有高低的变化,一般以常年平均水位为准,并考虑到最高水位时不致漫溢,最低水位时不感枯竭为宜。园林中的水面常以水泵、闸门控制水位,使水面高差不致悬殊过大。

水面四周的景物安排在园林造景中非常重要,常构成为重要的景区,建筑体形宜轻巧,建筑之间宜互相呼应。沿水道路不宜完全与水面平行,应时近时远,若即若离,近时贴近水面,远时在水路之间可留出种植园林植物的用地。沿水边植树应种于高水位以上,以免被水淹没,耐湿树种可种于常水位上。可用缸、砖石砌成的箱等置于水底,使植物的根系在缸、箱内生长。各种水生植物对水位的深度有不同的要求,例如莲藕、菱角、睡莲等要求水深30~100 cm,而荸荠、慈菇、水芋、芦苇、千屈菜等要求浅水沼泽地,金鱼藻、苦草等沉于水中,而凤眼莲、小浮萍、满江红等则浮于水面。在挖掘水池时,即应在水底预留适于水生植物生长的深度,土壤宜为富于腐殖质的黏土。在地下水位高时,也可在水底打深井,利用地下水保持水质的清洁。

4. 水面的分隔形式

水面分隔与联系主要有岛、堤、桥等形式。

（1）岛

我国自古以来就有东海仙岛的神话传说,由于岛给人们带来神秘感,在现代园林的水体中也常聚土为岛,植树点亭或设专类园于岛上,既划分了水域空间,又增加了层次的变化,还增添了游人的探求情趣,尤其在较大的水面中,可以打破水面的单调感,从水面观岛,岛可作为一个景点设置,又可起障景作用,于岛上眺望可遍览周围景色,是一个绝好的观赏点,可见于水中设岛也是增添园林景观的一个重要手段。

岛的主要类型如下:

①山岛:山岛突出水面,有石山岛和土山岛之分。石山岛可较土山岛高出水面较多,

形成险峻之势;土山岛因土壤的稳定坡度有限制,需要和缓升起,所以土山岛的高度受宽度的限制。土山岛可广植树木,点缀建筑,常构成园林中的主景。

②平岛:天然的洲渚系泥沙淤积而形成坡度坦缓的平岛。园林中人工的平岛亦取法洲渚的规律,岸线圆润,曲折而不重复,岸线平缓地深入水中,使水陆之间非常接近,予人以亲近之感。平岛景观多以植物和建筑表现,其上种植耐湿喜水的树种,临水点缀建筑,水边还可配置芦苇之类的水生植物,形成生动而具野趣的自然景色。从自然到人工岛,知名的有哈尔滨的太阳岛、青岛的琴岛、威海的刘公岛、厦门的鼓浪屿、太湖的东山岛、西湖的三潭印月等。

③半岛:半岛有一面连接陆地,三面临水,其地形高低起伏,可设置石矶,以便游人停留眺望。岛陆之间可通道路,便于游览。

④岛群:成群布置的分散的群岛或紧靠在一起的当中有水的池岛,例如杭州西湖的三潭印月,远观为一大岛,而岛内由数个岛连接形成岛中有湖、内外不同的景观。

⑤礁:水中散置的点石,或以玲珑奇巧的石作孤赏的小石岛,尤其在较小的整形水池中,常以小石岛来点缀或以山石作水中障景。

水中设岛忌居中、整形,一般多在水面的一侧,以便使水面有大片完整的感觉,或按障景的要求,考虑岛的位置。岛的数量不宜过多,需视水面的大小及造景的要求而定。岛的形状切忌雷同。岛的大小与水面大小应成适当的比例,一般岛的面积宁小勿大,可使水面显得大些。岛小便于灵活安排。岛上可建亭立石和种植树木,取得小中见大的效果。岛大可安排建筑,叠山和开池引水,以丰富岛的景观。

(2)堤

堤可将较大的水面分隔成不同景色的水区,又能作为通道。园林中多为直堤,曲堤较少。为避免单调平淡,堤不宜过长。为了便于水上交通和沟通水流,堤上常设桥。如堤长桥多,则桥的大小和形式应有变化。堤在水面的位置不宜居中,多在一侧,以便将水面划分成大小不同、主次分明、风景有变化的水区。也有使各水区的水位不同,以闸控制并利用水位的落差设跌水景观。用堤划分空间,需在堤上植树,以增加分隔的效果。长堤上植物花叶的色彩、水平与垂直的线条,能使景色产生连续的韵律。堤上路旁可设置廊、亭、花架、凳、椅等设施。堤岸有用缓坡的或石砌的驳岸,堤身不宜过高,以使游人接近水面。

(3)桥

小水面的分隔及两岸的联系常用桥。水浅、距离近时,也有用汀步的。它们都能使水面隔而不断,一般均建于水面较狭窄的地方,但不宜将水面分为平均的两块,仍需保持大片水面的完整。为增加桥的变化和景观的对位关系,可应用曲桥。曲桥的转折处应有对景。通行船只的水道上,可应用拱桥。拱桥的桥洞一般为单数,通常考虑桥拱倒影在常水位时成圆形的景色。在景观视点较好的桥上,需便于游人停留观赏,为了水面构景对组织空间的需要,常应用廊桥。有时为了要形成半封闭半通透的水面空间,需延长廊桥的长度,形成水廊。水廊常有高低转折的变化,使游人感到"浮廊可渡"。如苏州拙政园小飞虹等。

1.2 园林建筑

中国古典园林构图自然、布局灵活、巧于借景、因地制宜的创作手法,在现代风景园林设计中仍发挥着极其重要的作用。园林建筑比起山、水、植物,较少受到自然条件的制约,人工的成分最多,因此也是造园手段中运用最灵活、最积极的一个手段。

1.2.1　园林建筑的特点和作用

中国园林建筑多姿多彩,奇妙而独特,常化整为零,以小见大,融于自然,立意有章,可谓是"风景的观赏,观赏的风景"。在园林风景中,建筑既有使用功能,又能与环境组成景色,对园林景观的创造起着重要的作用,具体可表现在:第一,点缀风景;第二,观赏风景;第三,围合和划分园林空间;第四,组织游览线路。

1. 园林建筑的分类

根据园林建筑对营造景观所起的不同作用,可大致分为以下四类。

(1)风景游览建筑

园林建筑的大部分都属此类,一般都具有一定的使用功能。如亭、廊、榭、舫、楼、阁、厅、堂、轩、斋、殿、馆等。

(2)庭园建筑

凡是能够围合成为庭院空间而形成独立或相对独立的庭园的建筑物均属此类。如空廊、隔墙、景架等。

(3)建筑小品

此类建筑物包括露天的陈设、家具或小型点缀物等。如雕塑、喷泉、水池、花坛、标志等。

(4)交通建筑

凡是在游览路线上的道路、台阶、桥梁、汀步、码头、船埠等均属此类。

2. 园林建筑的一些组成部分

(1)园门

我国古典园林中的门犹如文章的开头,是构成一座园林的重要组成部分。造园家在规划构思设计园门时,常常是搜奇夺巧,匠心独运(见图1-10)。

图1-10　园门

园林的门,往往也能反映出园林主人的地位和等级。例如进颐和园之前,先要经过东宫门外的"涵虚"牌楼、东宫门、仁寿门、玉澜堂大门、宜芸馆垂花门、乐寿堂东跨院垂花门、长廊入口邀月门这七种形式不同的门,穿过九进气氛各异的院落,然后步入 700 m 长的长廊,这一门一院形成不同的空间序列,又具有明显的节奏感。

（2）廊

我国建筑中的走廊,不但是厅厦内室、楼、亭台的延伸,也是由主体建筑通向各处的纽带,而园林中的廊子,既起到园林建筑的穿插、联系作用,又是园林景色的导游线。如北京颐和园的长廊,它既是园林建筑之间的联系路线,或者说是园林中的脉络,又与各样建筑组成空间层次多变的园林艺术空间。

廊的形式有曲廊、波形廊。按所处的位置分,有水廊、回廊、桥廊等(见图 1-11)。

图 1-11　廊

廊的运用在江南园林中十分突山,它不仅是联系建筑的重要组成部分,而且是划分空间、组成一个个景区的重要手段。同时,廊又是组成园林动观与静观的重要手法。

廊的形式以玲珑轻巧为上,尺度不宜过大,一般净宽 1.2 ~ 1.5 m,柱距 3 m 以上,柱径 15 cm,柱高 2.5 m 左右。沿墙走廊的屋顶多采用单面坡式,其他廊子的屋面形式多采用两坡顶。

（3）园林中的景墙

景墙有实墙和虚墙。实墙如九龙壁。当然,在园林中应用的主要手法是虚墙,在粉墙上开设有玲珑剔透的景窗,使园内各空间互相渗透。如苏州拙政园中的枇杷园,就是用高低起伏的云墙分割形成园中园的佳例;苏州留园东部多变的园林空间,大部分是靠粉墙的分割来完成的。景墙上常有景窗。景窗的形式多种多样,有空窗、花格窗、博古窗、玻璃花窗等(见图 1-12)。

图 1-12　景墙

1.2.2　园林建筑设计的方法和技巧

园林建筑不同于其他建筑类型,它既要满足一定的功能要求,又要求艺术性、观赏性强;既要满足游客在动中观景的需要,又要重视对室外空间的组织和利用,使室内外空间和谐统一。因此,园林建筑在设计上更灵活多变,可说"构图无格",有其强烈的个性符号和独一无二的外形特征,由此在设计方法和技巧上与其他建筑类型也大相径庭。概括起来,主要有以下几个方面。

1. 立意

一个好的设计不仅要有立意,而且要善于抓住设计中的主要矛盾,既能较好地解决建筑功能的问题,又具有较高的艺术境界,寓情于景,触景生情,情景交融。我国古代经典园林中的亭子不可胜数,但却很难找出格局和式样完全相同的,它们总是因地制宜地选择建筑式样,巧妙配置山石、水景、植物等以构成各具特色的空间。

园林建筑立意强调景观效果,突出艺术意境创造,但绝不能忽视建筑功能和自然环境条件;否则,景观或意境就将是无本之木,无源之水,在设计中也就无从落笔。如承德避暑山庄内有七十二景,各景布局不同,就是在立意上结合功能、地形特点,采用了对称和自由等多种多样的空间处理手法,才使全园各景各具特色,总体布局既统一又富于变化。另外,园林建筑的创造性还在于设计者如何利用和改造环境条件,如绿化、水源、山石、地形、气候等,从总体空间布局到建筑细部处理细细推敲,才能达到"景到随机,因境而成,得意随形"的境界。

2. 选址

园林建筑设计从景观上说,是创造某种和大自然相协调并具有某种典型景效的空间塑造。因此,景观建筑如选址不当,不但不利于艺术意境的创造,反而会削弱整个景观的效果。一般来说,造园大体分为规则式园林、自然式园林和混合式园林三种。

规则式园林多采用对称平面布局,一般建在平原和坡地上,园中道路广场、花坛、水池等按几何形态布置,树木也排列整齐,修剪成形,风格严谨,大方气派。现代城市广场、街心花园、小型公园等多采用这种方式。

自然式园林多强调自然的野致和变化,布局中离不开山石、池沼、林木等自然景物,因此选址应山林、湖沼、平原三者具备。傍山的建筑借地势错落有致,并借山林为衬托,颇具天然风采。而在湖沼地造园,临水建筑有波光倒影,视野平远开阔,画面层次亦会使人感到丰富多彩且具动态。

混合式园林则为自然、规则两者根据场景适当结合,扬长避短,突出一方,在现代园林中运用更为广泛。另外,园林建筑选址在环境条件上既要注意大的方面,也要注意细微因素。要善于发掘有趣味的自然景物,如一树、一石、清泉溪涧,以至古迹传说,对造园都十分有用。

3. 布局

园林建筑有了好的组景立意和得当的选址,还必须有好的建筑布局,否则构图无法,零乱无章,更不可能成为佳作了。园林建筑的空间组合形式通常有以下几种。

(1)由独立的建筑物和环境结合形成的开放性空间

点景的建筑物是空间的主体,因此对建筑物本身的造型要求较高,使之在自然景物的衬托下更见风致。

（2）由建筑组群自由结合形成的开放性空间

这种建筑组群一般规模较大，与园林空间之间可形成多种分隔和穿插。布局上多采用分散式，并用桥、廊、道路、铺地等使建筑物相互连接，但不围成封闭的院落，空间组合可就地形高下，随势转折。

（3）由建筑物围合而成的庭院空间

这种空间组合，有众多的房间可用来满足多种功能的需要。在布局上可以是单一庭院，也可以由几个大小不等的庭院相互衬托、穿插、渗透形成统一的空间。从景观方面说，庭院空间在视觉上具有内聚的倾向。一般情况不是为了突出某个建筑物，而是借助建筑物和山水花木的配合来突出整个庭院空间的艺术意境。

（4）混合式的空间组合

由于功能式组景的需要，可把以上几种空间组合的形式结合使用，称为混合式的空间组合。

（5）总体布局统一，构图分区组景

规模较大的园林，需从总体上根据功能、地形条件，把统一的空间划分成若干各具特色的景区式景点来处理。在构图布局上又能互相因借，巧妙联系，有主从之分，有节奏和韵律感，以取得和谐统一。

4. 尺度与比例

尺度在园林建筑中是指建筑空间各个组成部分与自然物体的比较，是设计时不容忽视的。功能、审美和环境特点是决定建筑尺度的依据，恰当的尺度应和功能、审美的要求相一致，并和环境相协调。园林建筑是人们休憩、游乐、赏景的所在，空间环境的各项组景内容，一般应具有轻松活泼、富于情趣和使人有无尽回味的艺术气氛，所以尺度必须亲切宜人。园林建筑的尺度除要推敲建筑本身各组成部分的尺寸和相互关系外，还要考虑空间环境中其他要素如景石、池沼、树木等的影响。一般通过适当缩小构件的尺寸来取得理想的亲切尺度，室外空间大小也要处理得当，不宜过分空旷或闭塞。

另外，要使建筑物和自然景物尺度协调，还可以把建筑物的某些构件如柱子、屋面、踏步、汀步、堤岸等直接用自然的石材、树木来替代或以仿天然的喷石漆、仿树皮混凝土等来装饰，使建筑和自然景物互为衬托，从而获得室外空间亲切宜人的尺度。在研究空间尺度的同时，还需仔细推敲建筑比例。一般按照建筑的功能、结构特点和审美习惯来推定。

5. 色彩与质感

建筑物的色彩与质感处理得当，园林空间才能有强有力的艺术感染力。形、声、色、香是园林艺术意境中的重要因素，而园林建筑风格的主要特征更多表现在形和色上。我国南方建筑风格体态轻盈、色彩淡雅，北方则造型浑厚、色泽华丽。随着现代建筑新材料、新技术的运用，建筑风格更趋于多姿多彩，简洁明丽，富于表现力。

色彩有冷暖、浓淡之分，颜色的感情、联想及其象征作用可给人不同的感受。质感表现在景物外形的纹理和质地两方面，而纹理有曲直、宽窄、深浅之分，质地有粗细、刚柔、隐显之别。色彩与质感是建筑材料表现上的双重属性，两者相辅共存，只要善于去发现各种材料在色彩、质感上的特点，并利用它去组织节奏、韵律、对比、均衡、层次等各种构图变化，就可以获得良好的艺术效果。

1.3　园林道路

　　这里所说的园林道路(简称园路),是指绿地中的道路、广场等各种铺装地面。它是园林不可缺少的构成要素,是园林的骨架、网络。园路的规划布置,往往反映不同的园林面貌和风格。例如,我国苏州古典园林讲究峰回路转、曲折迂回,而西欧古典园林凡尔赛宫讲究平面几何形状(见图 1-13)。

图 1-13　园路

1.3.1　园路的功能

　　园路和多数城市道路的不同之处在于,除了组织交通、运输,还有景观上的要求:组织游览线路;提供休憩地面;园路、广场的铺装、线型、色彩等本身也是园林景观的一部分。总之,园路引导游人到景区,沿路组织游人休憩观景,园路本身也成为观赏对象。

1.3.2　园路的类型

　　园路一般可以分为四种:

　　①主要道路。联系全园,必须考虑通行、生产、救护、消防、游览车辆。

　　②次要道路。沟通各景点、建筑,通轻型车辆及人力车。

　　③林荫道、滨江道和各种广场。

　　④休闲小径、健康步道。健康步道是近年来最为流行的足底按摩健身方式。通过行走在卵石路上按摩足底穴位达到健身目的,但又不失为园林一景。

　　园路的铺装宽度和空间尺度,是有联系但又不同的两个概念。旧城区道路狭窄,街道绿地不多,因此路面有多宽,它的空间也有多大。而园路是绿地中的一部分,它的空间尺寸既包含有路面的铺装宽度,也有四周地形地貌的影响。不能以铺装宽度代替空间尺度要求。

　　一般园林绿地通车频率并不高,人流也分散,不必为追求景观的气魄、雄伟而随意扩大路面铺砌范围,减少绿地面积,增加工程投资。倒是应该注意园路两侧空间的变化,应疏密相间,留有透视线,并有适当缓冲草地,以开阔视野,并借以解决节假日、集会人流的集散问题。园林中最有气魄、最雄伟的是绿色植物景观,而不应该是人工构筑物。

园路和广场的尺度、分布密度应该是人流密度客观、合理的反映。上述的路宽,是一般情况下的参考值。人多的地方,如游乐场、入口大门等,尺度和密度应该是大一些;休闲散步区域,相反要小一些。达不到这个要求,绿地就极易损坏。

当然,这也和园林绿地的性质、风格、地位有关系。例如,动物园比一般休息公园园路的尺度、密度要大一些;市区比郊区公园大一些;中国古典园林由于建筑密集,铺装地往往也大一些。建筑物和设备的铺装地面,是导游路线的一部分,但它不是园路,是园路的延伸和补充。

在大型新建绿地,如郊区人工森林公园,因为规模宏大(几千亩至万亩)要分清轻重缓急,逐步建设园路。建园伊始,只要道路能达到生产、运输的要求,其密度就可以了。随着园林面貌的逐步形成,再建设其他园路和小径、设施,以节约投资。初期建设也以只建园路路基最为合理有利,如上海南汇的滨海人工森林公园和浙江衢州的南环公园。

1.3.3　园路的线型

①规划中的园路,有自由、曲线的方式,也有规则、直线的方式,形成两种不同的园林风格。当然采用一种方式为主的同时,也可以用另一种方式补充。仔细观察,上海杨浦公园整体是自然式的,而入口一段是规则式的;复兴公园则相反,雁荡路、毛毡大花坛是规则式的,而后面的山石瀑布是自然式的。这样相互补充也无不当。不管采取什么式样,园路忌讳断头路、回头路。除非有一个明显的终点景观和建筑。

②园路并不是对着中轴,两边平行一成不变的,园路可以是不对称的。最典型的例子是浦东世纪大道:100 m 的路幅,中心线向南移了 10 m,北侧人行道宽 44 m,种了 6 排行道树;南侧人行道宽 24 m,种了 2 排行道树;人行道的宽度加起来是车行道的两倍多。

③园路也可以根据功能需要采用变断面的型式。如转折处不同宽狭,坐凳、椅处外延边界,路旁的过路亭,还有园路和小广场相结合等。这样宽狭不一、曲直相济,反倒使园路多变、生动起来,做到一条路上休闲、停留和人行、运动相结合,各得其所。

④园路的转弯曲折。这在天然条件好的园林用地并不成问题,因地形地貌而迂回曲折,十分自然,但是在园林用地的变化不大的情况下,就必须人为地创造一些条件来配合园路的转折和起伏。例如,在转折处布置一些山石、树木,或者地势升降,做到曲之有理,路在绿地中;而不是三步一弯、五步一曲,为曲而曲,脱离绿地而存在。陈从周说:"园林中曲与直是相对的,要曲中寓直,灵活应用,曲直自如。"以明代造园家计成的话说就是要做到"虽由人作,宛自天开"。

1.4　园林植物

植物是自然风景的主体物质之一,也是构成园林景观的主要素材,丰富多彩的植物使城市规划艺术和建筑艺术得到充分的表现,植物构成的空间和季相使园林景观变得丰富多彩和风韵无穷。

园林植物种类繁多,形态各异,丰富多彩的植物材料为营造园林景观提供了广阔的天地。园林植物在园林建设中的运用主要有以下几个方面:利用植物构成各种空间类型;利用园林植物表现时序景观;利用园林植物创造观赏景点;利用植物烘托建筑、雕塑,或与之共同构成景观;利用园林植物进行意境创作;利用园林植物形成地域景观特色。

在配置园林植物时的注意事项如下:园林植物的配置要讲究科学性、艺术性,在园林中,常常应用乔木、灌木、花卉和草地互相搭配,常绿与落叶树种搭配,进行植物配置。种什么树,怎样种树,这里不仅有一个科学问题,还有一个艺术问题。假若把树木杂乱无章地种植在一起,既达不到绿化目的,也起不到美化环境的作用。

1.4.1　园林植物配置的科学性

园林植物配置的科学性是指树木种植的目的性要明确,适地适树,合理密植,配置得当。

1. 树木种植的目的性要明确

树木的种植设计是根据园林绿地功能要求进行的。园林绿地的种类很多,每种绿地都有不同的功能。如街道绿化的主要功能是蔽阴,工厂绿化的主要功能是防护、改善环境条件,休息花园的功能是休息、欣赏花木。因此,园林植物种植设计时,一定要有明确的目的性,绿化应当解决哪些问题,绿化可以解决哪些问题。例如,有污染性车间附近不宜种植片林,应当种植草坪与低矮灌木。防护林则应配置高大乔木,只种植草坪花草就起不到防护作用。公共建筑物前的绿地,应当是装饰性绿地,若种植大乔木,就会遮挡建筑,破坏风(街)景。选择树种要适地适树,种植设计中选用的树种习性要和栽植地点的立地条件相适应。所谓立地条件,包括气候、小气候、土壤、水文、植被及其他环境条件(海拔、坡度、朝向等)。一般情况下,各单位绿化都应选择乡土树种,因为乡土树种适应性强,成活率高,生长健壮,绿化效果快。对于引种成功的外地优良品种,也可种植。例如背山面水的地方种竹子,水边种柳树,坡地种松柏,楼后背阴处种植耐阴的树种(珍珠梅、金银木)。在杆线多的地方不要种植大乔木,应种植耐修剪、萌芽力强的树种。

2. 合理密植

合理密植是很重要的问题。特别是一些没有绿化基础的单位,希望尽快达到绿化的效果,往往把树木种得很密。由于树木过密,每棵树得不到足够的营养面积和生长空间,以致树干瘦弱,加之日照通风条件不好,病虫害滋生,树木不能正常发育,结果事与愿违,反而收不到较好的绿化效果。怎样确定合理密度? 若从远景考虑,应当根据成年树木树冠大小来决定种植距离。例如,四季杨等速生大乔木的种植距离应为 6 ~ 8 m,悬铃木为 7 ~ 10 m。树丛和树林的树冠可以适当交接,其株行距可以小一些。

3. 树木要配置得当

树木要配置得当,也就是必须充分考虑树木与树木,以及不同树种之间的关系、树木生长速度和根部生长的相互影响。速生树和慢生树种植在一起时,除应注意保持一定距离外,最好慢生树用大苗,速生树用小苗。如果把规格大的速生树与规格小的慢生树种植在一起,速生树迅速生长,慢生树的生长就会受到抑制,甚至死亡。

1.4.2　园林植物配置的艺术效果

种植树木除应注意科学性外,也必须考虑艺术效果。

　　许多种园株植物,树形优美,花朵艳丽,叶形、叶色富于变化,本身就有很高的观赏价值。如果种植得当,就能充分表现出植物的美,发挥其观赏特性。如果种植不当,就不能表现出植物的美,观赏特性得不到发挥。因此,在配置园林植物时要注意以下几点。

1. 树形美

　　表现树木的个体美和群体美时,往往把它们种植在视线开阔的草地和广场上,以天空为背景,表现树木的轮廓线和起伏虚线的变化。例如,把雪松种植在草地上,会显示出自然潇洒的树姿,如果种植在树林中,它的美丽姿容就被掩盖了。以桧柏为主体的树丛,种植在草地或开阔的地方,就可显示出树丛的群体美。

2. 色彩美

　　植物的花色、叶色十分丰富,再加上四季的变化,植物的色彩更是姹紫嫣红,变化万千。色彩是环境美的重要方面。运用色彩的对比与调和的规律,充分发挥园林植物的观赏作用。例如,红墙前面应当种植粉红、白色、黄色的开花植物;节日的花坛色彩应当浓艳;要求肃穆的地方,花色应当淡雅;在一片盛开红色花朵的植物中,点缀几株开黄花的植物,会使红色显得更加娇艳。

3. 主景与配景

　　每块绿地中都要种植许多种树木,但是不论种多少种树木,总要有一两种主要树种,其他为陪衬树种,或在某一局部以一种树为主。种树不分主次,什么树都种,种成各种树木的"混交林",一定会造成零乱不堪,看不出种植的目的和效果。如果主景树与配景树配置得当,就能充分发挥植物群体的艺术感染力。例如,一片树丛以姿态丰富的高大乔木作为背景,以观赏特点突出的树种为主景,以低矮灌木为配景,就能显示出树丛的群体美。

4. 比例与尺度

　　选择树种时,还要注意树木高低大小与环境的比例尺度关系。宽大的街道应当选择高大树种,狭窄的街道应当种植树形较小的树种。小庭院中不应种植树形高大的树木,因为高大树木与小庭院的尺度比例不相称,会使得庭院显得更小,而树木的观赏视距也不够,树木的美也显示不出来。高大建筑物前要配以树形高大的树种,以低矮树种为配景,建筑物与树木之间也就显得自然协调。园林植物配置的艺术理论很多,与其他艺术理论有许多共同之处。在进行植物配置时,应有意识地从艺术效果去考虑植物配置问题。只有这样,才能不断提高园林植物的观赏价值,起到美化环境的作用。

1.4.3　园林植物在园林建设中的运用举例

1. 利用植物构成各种空间类型

　　植物本身是一个三维实体,是园林景观营造中组成空间结构的主要部分。枝繁叶茂的高大乔木可视为单体建筑,各种藤本植物爬满棚架及屋顶,绿篱整形修剪后颇似墙体,平坦整齐的草坪铺展于水平地面。因此,植物也像其他建筑、山水一样,具有构成空间、分隔空间、引起空间变化的功能。

　　一般来讲,植物布局应根据实际需要做到疏密错落。在有景可借的地方,植物配置要以不遮挡景点为原则,树要栽得稀疏,树冠要高于或低于视线,以保持透视线,形成半开敞空间。在大片的草坪地被,四面没有高出视平线的景物屏障,视界十分空旷,空间开阔,形成开敞空间。对视觉效果差、杂乱无章的地方要用植物材料加以遮挡,而用高于视平线的乔灌木围合环抱起来,形成闭锁空间,仰角愈大,闭锁性也随之增大。

闭锁空间适于观赏近景,感染力强,景物清晰,但由于视线闭塞,容易产生视觉疲劳。所以在园林景观设计中要应用植物材料营造既开朗、又有闭锁的空间景观,两者巧妙衔接,相得益彰,使人既不感到单调,又不觉得疲劳。用绿篱分隔空间是常见的方式。在庭院四周、建筑物周围,用绿篱四面围合可形成一独立的空间,增强庭院、建筑的安全性、私密性;公路、街道外侧用较高的绿篱分隔,可阻挡车辆产生的噪声污染,创造相对安静的空间环境;国外还很流行用绿篱做成迷宫,以增加园林的趣味性。

2. 利用园林植物表现时序景观

园林植物是一个"活"的景观,随着季节的变化表现出不同的季相特征。春有繁花,夏有绿荫,秋有硕果,冬有虬枝。这种盛衰荣枯的生命节律,为我们创造园林四时演变的时序景观提供了条件。根据植物的季相变化,把不同花期的植物搭配种植,使得同一地点在不同时期产生某种特有景观,给人以不同的感受,体会时令的变化。

要利用园林植物表现时序景观,必须对植物材料的生长发育规律和四季的景观表现有深入的了解,根据植物材料在不同季节中的不同色彩来创造园林景色供人欣赏,引起人们的不同感觉。自然界花草树木的色彩变化是非常丰富的,春天开花的植物最多,加之叶、芽萌发,给人以山花烂漫、生机盎然的景观效果。夏季开花的植物也较多,但更显著的季相特征是绿荫匝地,林草茂盛。金秋时节开花植物较少,却也有丹桂飘香、秋菊傲霜,而丰富多彩的秋叶秋果更使秋景美不胜收。隆冬草木凋零,山寒水瘦,呈现的是萧条悲壮的景观。四季的演替使植物呈现不同的季相,而把植物的不同季相应用到园林艺术中,就构成四时演替的时序景观。

3. 利用园林植物创造观赏景点

园林植物作为营造园林景观的主要材料,本身具有独特的姿态、色彩、风韵之美。不同的园林植物形态各异,变化万千,既可孤植以展示个体之美,又能按照一定的构图方式配置,表现植物的群体美,还可根据各自生态习性,合理安排,巧妙搭配,营造出乔、灌、草结合的群落景观。

就拿乔木来说,银杏、毛白杨树干通直,气势轩昂,油松曲虬苍劲,松柏则亭亭玉立,这些树木孤立栽培,即可构成园林主景。而秋季变色叶树种如枫香、银杏、重阳木等大片种植可形成"霜叶红于二月花"的景观。许多观果树种如海棠、山楂、石榴等的累累硕果能呈现一派丰收的景象。

色彩缤纷的草本花卉更是创造观赏景观的好材料,由于花卉种类繁多,色彩丰富,株体矮小,在园林中应用十分普遍,形式也是多种多样。既可露地栽植,又能盆栽摆放组成花坛、花带,或采用各种形式的种植钵,点缀城市环境,创造赏心悦目的自然景观,烘托喜庆气氛,装点人们的生活。

不同的植物材料具有不同的景观特色,棕榈、大王椰子、假槟榔等营造的是一派热带风光;雪松、悬铃木与大片的草坪形成的疏林草地展现的是欧陆风情;而竹径通幽、梅影疏斜表现的是我国传统园林的清雅。

许多园林植物芳香宜人,能使人产生愉悦的感受。如桂花、蜡梅、丁香、兰花、月季等具有香味的园林植物种类非常多,在园林景观设计中可以利用各种香花植物进行配置,营造成"芳香园"景观,也可单独种植成专类园,如丁香园、月季园。也可种植于人们经常活动的场所,如在盛夏夜晚纳凉场所附近种植茉莉花和晚香玉,微风送香,沁人心脾。

4. 利用植物烘托建筑、雕塑,或与之共同构成景观

植物的枝叶呈现柔和的曲线,不同植物的质地、色彩在视觉感受上有着不同差别。园林中经常用柔质的植物材料来软化生硬的几何式建筑形体,如基础栽植、墙角种植、墙壁绿化等。一般体型较大、立面庄严、视线开阔的建筑物附近,要选干高枝粗、树冠开展的树种;在玲珑精致的建筑物四周,要选栽一些枝态轻盈、叶小而致密的树种。现代园林中的雕塑、喷泉、建筑小品等也常用植物材料做装饰,或用绿篱作背景,通过色彩的对比和空间的围合来加强人们对景点的印象,产生烘托效果。园林植物与山石相配,能表现出地势起伏、野趣横生的自然韵味,与水体相配则能形成倒影或遮蔽水源,给人以深远的感觉。

5. 利用园林植物进行意境的创作

利用园林植物进行意境的创作是中国传统园林的典型造景风格和宝贵的文化遗产。中国植物栽培历史悠久,文化灿烂,很多诗、词、歌、赋和民风民俗都留下了歌咏植物的优美篇章,并为各种植物材料赋予了人格化内容,从欣赏植物的形态美升华到欣赏植物的意境美,达到了天人合一的理想境界。

在园林景观创造中可借助植物抒发情怀,寓情于景,情景交融。松苍劲古雅,不畏霜雪严寒的恶劣环境,能在严寒中挺立于高山之巅;梅不畏寒冷,傲雪怒放;竹则"未曾出土先有节,纵凌云处也虚心"。三种植物都具有坚贞不屈、高风亮节的品格,所以被称作"岁寒三友"。其配置形式,意境高雅而鲜明,常被用于纪念性园林以缅怀前人的情操。兰花生于幽谷,叶姿飘逸,清香淡雅,绿叶幽茂,柔条独秀,无娇弱之态,无媚俗之意,摆放室内或植于庭院一角,意境何其高雅。

6. 利用园林植物形成地域景观特色

由于植物生态习性的不同及各地气候条件的差异,致使植物的分布呈现地域性。不同地域环境又造就了不同的植物景观,如热带雨林及阔叶常绿林相植物景观、暖温带针阔叶混交林相景观等。

根据环境气候等条件选择适合生长的植物种类,营造具有地方特色的景观。各地在漫长的植物栽培和应用观赏中形成了具有地方特色的植物景观,并与当地的文化融为一体,甚至有些植物材料逐渐演化为一个国家或地区的象征。如日本把樱花作为自己的国花,大量种植。我国地域辽阔,气候迥异,园林植物栽培历史悠久,形成了丰富的植物景观。例如北京的国槐和侧柏,云南大理的山茶,深圳的叶子花等,都具有浓郁的地方特色。运用具有地方特色的植物材料营造植物景观对弘扬地方文化、陶冶人们的情操具有重要意义。

1.5 园林小品

园林小品是指园林中供休息、装饰、照明、展示和为园林管理及方便游人之用的小型建筑设施。其一般没有内部空间,体量小巧,造型别致,富有特色,并讲究适得其所。这种建筑小品设置在城市街头、广场、绿地等室外环境中便称为城市建筑小品。园林建筑小品在园林中既能美化环境,丰富园趣,为游人提供文化休息和公共活动的方便,又能使游人从中获得美的感受和良好的教益。

1.5.1 分类

园林小品按其功能分为五类。

1. 供休息的小品

如各种造型的靠背园椅、凳、桌和遮阳的伞、罩等。常结合环境,用自然块石或用混凝土作成仿石、仿树墩的凳、桌;或利用花坛、花台边缘的矮墙和地下通气孔道来做椅、凳等;围绕大树基部设椅、凳,既可休息,又能纳荫(见图1-14)。

图1-14 园林小品(1)

2. 装饰性小品

各种固定的和可移动的花钵、饰瓶,可以经常更换花卉。装饰性的日晷、香炉、水缸,各种景墙(如九龙壁)、景窗等,在园林中起点缀作用。

3. 结合照明的小品

园灯的基座、灯柱、灯头、灯具都有很强的装饰作用。

4. 展示性小品

各种布告板、导游图板、指路标牌以及动物园、植物园和文物古建筑的说明牌、阅报栏、图片画廊等,都对游人有宣传、教育的作用。

5. 服务性小品

如为游人服务的饮水泉、洗手池、公用电话亭、时钟塔等;为保护园林设施的栏杆、花坛绿地的边缘装饰等;为保持环境卫生的废物箱等。

1.5.2 园林小品设计和应用原则

一般在设计和应用园林小品时应遵循以下几项原则。

1. 巧于立意

园林建筑装饰小品作为园林中局部的主体景物,具有相对独立的意境,应具有一定的思想内涵,才能产生感染力。如我国园林中常在庭院的白粉墙前置玲珑山石、几竿修竹,

2. 突出特色

园林建筑小品应突出地方特色、园林特色及单体的工艺特色,使其有独特的格调,切忌生搬硬套。如成都锦县某景区保留传统迷你型的土地庙,内置土地公与土地婆,与其所要展示的历史风情一致,形成了特有的人文景观(见图1-15)。

图1-15 园林小品(2)

3. 融于自然

园林建筑小品要求将人工与自然浑成一体,追求自然又精于人工。"虽由人作,宛自天开"则是设计者们的匠心之处。如四川黄龙风景区,将某些树木加工成指示牌,不仅环保,而且景观与周围环境相融合(见图1-16)。

图1-16 园林小品(3)

4. 注重体量

园林装饰小品作为园林景观的陪衬,一般在体量上力求与环境相适宜。如在大广场中设巨型灯具,有明灯高照的效果,而在小林荫曲径旁,只宜设小型园灯,不但体量应小,造型更应精致。

5. 因需设计

园林装饰小品绝大多数有实用意义,因此除满足美观效果外,还应符合实用功能及技术上的要求。如园林栏杆具有各种使用目的,对于各种园林栏杆的高度也就有不同的要求(见图1-17)。

图 1-17　　园林小品(4)

1.5.3　园林小品设计要点

园林小品虽然不像植物那样在园林中有举足轻重的地位,但它们具有特殊的优势,形态长存,不随季节气候变化,可以长久地在园林中应用。园林建筑小品具有精美、灵巧和多样化的特点,设计创作时可以做到"景到随机,不拘一格",在有限空间得其天趣。恰当地运用园林小品,不仅能充分体现它的艺术价值,还对园林景观做有益补充。园林小品的设计一般有以下几个要点。

1. 立其意趣

根据自然景观和人文风情,做出景点中小品的设计构思。园林小品不仅要有形式美,还要有深刻的内涵。只有表达一定意境和情趣的小品,才能具有感染力,才是成功的艺术作品。因此,园林小品的设计要巧于构思。

根据构思不同,园林小品可分为预示性园林小品、故事性园林小品、文艺性园林小品三类。

预示性园林小品一般设置在绿地入口位置,游人一见便可预知公园的性质及内容。例如清华的校门是青砖砌的,涂着洁白的油质,一片缟素的颜色反映着两扇虽设而常开的黑栅栏门,形体肃美,让人一看就想到了著名的清华园。

故事性园林小品是把历史故事、传奇故事、寓言等巧妙地做成雕塑等,使游人在欣赏雕塑艺术的同时受到教育。例如兰州寓言城公园的"瞎子摸象"等寓言雕塑,天津海河公园的"司马光砸缸"等故事雕塑等。

文艺性园林小品则把文学、艺术、书法、诗词等经典作品雕刻在各种石材上增加游兴,使文艺与自然风景结合起来,令游人在游园过程中得到艺术与文化的熏陶。

2. 合其体宜

选择合理的位置和布局,做到巧而得体,精而合宜。园林小品具有浓厚的工艺美术特点,所以一定要突出特色,以充分体现其艺术价值,切忌生搬硬套和雷同。

无论哪类园林小品,都应体现时代精神,体现当时社会的发展特征和人们的生活方式,既不能滞后于历史,也不能跨越时代。从某种意义上讲,园林小品必须是这个时代的人文景观的记载。

3. 取其特色

要充分反映建筑小品的特色,把它巧妙地熔铸在园林造型之中。作为装饰小品,人工雕琢之处是难以避免的,而将人工与自然浑成一体,则是设计者的独具匠心之处。如在自然风景中、在古木巨树之下,设以自然山石修筑成的山石桌椅,可体现自然之趣。

4. 顺其自然

不破坏原有风貌,做到涉门成趣,得景随形。园林小品作为园林之点缀,一般在体量上力求精巧,不可喧宾夺主,失去分寸。其他如喷泉、花台的大小,均应根据其所处的空间大小确定其体量。

5. 求其因借

功能技术要相符,通过对自然景物形象的取舍,使造型简练的小品获得景象丰满充实的效应。园林小品绝大多数具有实用功能,因此除满足艺术造型美观的要求外,还应符合实用功能及技术的要求。例如园林栏杆的高度,应根据使用目的不同而有所变化;又如园林座椅,应符合游人休息的尺度要求;再如园墙,应从围护要求来确定其高度及其他技术要求。

6. 饰其空间

充分利用建筑小品的灵活性、多样性以丰富园林空间;把需要突出表现的景物强化起来,把影响景物的角落巧妙地转化成为游赏的对象;寻其对比,把两种明显差异的素材巧妙地结合起来,相互烘托,显出双方的特点。

此外,园林小品应充分考虑地域特征和社会文化特征。园林小品的形式,应与当地自然景观和人文景观相协调,尤其在旅游城市,建设新的园林景观时,更应充分注意到这一点。

园林小品设计需考虑的问题是多方面的,不能局限于几条原则,应学会举一反三,融会贯通。

1.6　人文景观

所谓人文景观,是指可以作为景观的人类社会的各种文化现象与成就,是以人为事件和人为因素为主的景观。古老而又充满活力的中华民族,在上下五千年的社会实践中创造了博大精深的物质财富和精神财富,并成为人类社会的重要而又独特的文明成果。这些文明成果在园林规划设计中,也是园林构成要素的一类。

1.6.1　名胜古迹

名胜古迹是指历史上流传下来的具有很高艺术价值、纪念意义、观赏效果的各类建设遗迹、建筑物、古典名园、风景区等。例如，北京的故宫、北海，西安的兵马俑，甘肃莫高窟石刻以及象征我们民族精神的古长城等这些闻名于世的游览胜地，都是前人为我们留下的宝贵人文景观。

1. 古代建设遗迹

古代遗存下来的城市、乡村、街道、纪念地等，发掘出来都可以作为园林景观。例如云南丽江古城、桂林阳朔古城、浙江龙门古镇等。

2. 古建筑

历史上流传下来的古建筑，应予以保护，并且可以作为园林景观。例如安徽徽州民居、福建土楼、云南傣族竹楼等。

3. 古工程、古战场

一些古代工程、古战场在现代社会中已经失去了其原有的意义，可以开辟或者改造后，成为园林景观之一。例如长城、京杭大运河、赤壁等。

1.6.2　文物艺术景观

古人遗留下来的艺术品，有些原来就是园林中的装饰品，有些则是园林中的景观。

1. 石窟

我国现存有不少历史久远、形式多样、内容丰富的石窟，其上凿刻着古代建筑、佛像、佛经故事等形象，艺术水平很高，是很好的园林景观。

2. 壁画

壁画是绘于建筑物墙壁或者影壁上的图画。古代流传下来的壁画艺术水平很高，是很好的园林景观。

3. 摩崖石刻

摩崖石刻是指人们在天然的石壁上摩刻的所有内容，包括上面提及的各类文字石刻、石刻造像，还有一种特殊的石刻——岩画也可归入摩崖石刻。狭义的摩崖石刻则专指文字石刻，即利用天然的石壁刻文记事。

4. 雕塑

我国古代寺庙、道观等建筑中都有造型各异的佛像和神像，这些雕塑源自我国古代的神话及佛教故事，是很好的人文景观。

5. 对联、诗画、题词匾额

中国文化源远流长，自古以来很多文人留下了丰富多彩的文化作品，表现为对联、诗画、题词匾额等形式，这些形式是园林景观点景的手段，极大地体现了中国古典园林的意境。

6. 出土文物和工艺美术品

具有一定考古价值的各种出土文物和工艺美术品，也可以作为园林景观之一。例如杭州雷峰塔地宫陈列了一系列出土的文物，吸引着全国各地的游客前来游览。

1.6.3　民间风俗与节庆活动

我国地广人多、民族众多，不同地区、不同民族有着不同的生活习俗和传统节日。例如春节吃饺子,元宵节吃汤团,端午节吃粽子,中秋节吃月饼;不同的民族有不同的婚丧礼仪;不同的民族有不同的服饰与歌舞等。在进行园林规划设计时,要充分考虑因地域不同而不同的民间风俗与民族特征,从而设计出不同特色的园林。

1.6.4　地方工艺及风味风情

具有地方特色的工艺如民间传统技艺、工业产品生产等,风味特产如名菜、丝绸、陶瓷等,都可作为园林的人文要素之一。

充分挖掘当地历史文化造就的人文因素,适当地应用到规划设计中,使其具有自己独到的地域风格和民族特色,是一个园林经久不衰的秘密所在。我国传统园林从构思、布局、兴造、题名,直至游赏的全过程,都与历代文人和传统文化密不可分,这就给予了人文景观以丰富的文化内涵。

复习思考题

1.园林中处理地形要考虑哪些因素?

2.园林道路有哪些类型?

3.园林植物的配置有哪些要求?

4.园林小品设计的原则是什么?

第 2 章　园林规划设计的基本理论

2.1　园林规划设计的依据与原则

2.1.1　园林规划设计的依据

园林规划设计的最终目的是要创造出景色如画、环境舒适、健康文明的游憩境域。一方面,园林是反映社会意识形态的空间艺术,要满足人们的精神文明的需要;另一方面,园林又是社会的物质福利事业,是现实生活的实境,所以还要满足人们的物质文明的需要。园林规划设计的主要依据如下。

1. 科学依据

园林设计的首要问题是要有科学依据。园林设计关系到科学技术方面的问题很多,如有水利、土方工程技术方面的,有建筑科学技术方面的,有园林植物甚至动物方面的。

在任何园林艺术创作的过程中,要依据有关工程项目的科学原理和技术要求进行。在园林中,要依据设计要求结合原地形进行园林的地形规划。设计者必须对该地段的水文、地质、地貌、地下水位、北方的冰冻线深度、土壤状况等进行详细了解。如果没有详细资料,务必补充勘察后的有关资料作科学依据,为地形改造等提供物质基础,避免发生水体漏水、土方坍塌等工程事故。种植各种花草、树木,也要根据植物的生长习性、生物学特性和生长要求进行配置。

2. 社会需要

园林是属于上层建筑范畴,它要反映社会的意识形态,为广大群众的精神与物质文明建设服务。《公园设计规范》(CJJ 48—92)指出:园林是完善城市四项基本职能中游憩职能的基地。所以,园林设计者要体察广大人民群众的心态,了解他们对公园开展活动的要求,创造出能满足不同年龄、不同兴趣爱好、不同文化层次游人的需要,面向大众,面向人民。

3. 功能要求

园林设计者要根据广大群众的审美要求、活动规律、功能要求等方面的内容,创造出景色优美、环境卫生、情趣健康、舒适方便的园林空间,满足游人的游览、休息和开展健身娱乐活动的功能要求。园林空间应当富于诗情画意,处处茂林修竹、绿草如茵、繁花似锦、山清水秀、鸟语花香、令游人流连忘返。不同的功能分区,选用不同的设计手法,如儿童活动区,要求交通便捷,一般要靠近主要出入口,并要结合儿童的心理特点。该区的园林建筑造型要新颖,色泽要鲜艳,尺度要小,符合儿童身高,植物无毒无刺,空间要开朗,形成一派生动活泼的景观气氛。

4. 经济条件

经济条件是园林设计的重要依据。经济是基础。同样一处园林绿地,甚至同样一个设计方案,由于采用不同的建筑材料、不同规格的苗木、不同的施工标准,将需要不同的建园投资。当然设计者应当在有限的投资条件下,发挥最佳设计技能,节省开支,创造出最理想的作品。

综上所述,一项优秀的园林作品,必须做到与科学性、艺术性和经济条件、社会需要紧密结合,相互协调,全面运筹,争取达到最佳的社会效益。

2.1.2　园林规划设计必须遵循的原则

园林规划设计必须遵循以适用、经济、美观、生态为主,地方特色、师从自然等方法为辅的原则。

园林规划设计时,首先要考虑是否适用的问题,其次考虑是否经济,最后考虑是否美观和生态问题。适用、经济、美观三者的关系是辩证统一的,但必须建立在生态的基础上。这四个方面的关系是相互依存、不可分割的,既不能片面强调,也不能相互孤立。这是园林绿化认定的总方针,一般均需按照这个方针来设计。在不同情况下,根据园林绿地类型的差异,适用、经济、美观这三者的关系可以有不同的侧重。

1. 适用原则

一般情况下,园林规划设计首先要考虑"适用"这个问题。适用是指园林的功能要求要满足人的活动需要。适用原则还有内含的两层意思:一层意思是"因地制宜",具有一定的科学性;另一层意思是园林的功能适合于服务的对象。适用的观点带有一定的永恒性和长久性。

以公园为例,首先要为游人创造出良好的休闲环境。有进行科学普及和体育活动的文体设施,有方便的交通联系、完善的生活设施和卫生设施,有儿童游戏的场地等,使不同年龄、不同爱好的游人都能各得其乐。游人置身园中,夏天可少晒太阳,雨天能不淋雨,累了有凳椅可休息,饿了渴了有饭吃有水喝等。这就是公园的适用问题,而且是首要的问题。

以植物园为例,在适用方面,首先要保证各种植物的引种驯化工作及其他植物科学研究工作能够创造性地进行,以便为科学研究服务。同时,还要有利于进行全面的植物科学知识的宣传和普及工作,使群众掌握植物的科学知识。

动物园的设计,首先要保证动物能获得适宜的生活空间,保证动物能够活得了,活得好。同时,要确保游人及饲养人员的安全,绝对不出危险。此外,还要有助于动物科学知识的宣传和普及工作。这是动物园的适用问题。

总之,不同园林有不同的功能要求,必须首先深入分析了解。园林的功能要求虽然是首要的,但并不是孤立的,因此在解决功能问题时,要结合经济上的可能性和艺术上的要求来考虑。如果一个设计,功能问题虽然解决了,但既不经济,也不美观,甚至与生态原理相违背,则仍是一个失败的方案,不能付诸实施。

2. 经济原则

在考虑是否"适用"的前提下,还要考虑的是"经济"问题。经济是指园林绿化的投资、造价、养护管理等方面的费用问题,减少人力、物力、财力的投资。实际上,正确选址、因地制宜、巧于因借,本身就减少了大量投资,也解决了部分经济问题。经济问题的实质,就是如何做到"事半功倍",尽量在投资少的情况下办好事。当然,园林建设要根据园林性质、建设需要确定必要的投资。

自古以来,造园活动就与社会经济发展水平紧密挂钩。园林是否能建成以及其规模与内容,包括建成后的维护管理水平,在很大程度上受制于经济条件。总的来说,园林建设应尽量降低造价,节约投资,使园林建设发展水平与国家、地区或单位的经济实力相适应,否则再好的设计也是难于实现的。比如在筑山和理水上,要因地制宜,尽量利用原有地形,以利用原有地形地貌为主、以适当的人工改造为辅,争取挪动最小的土方而又能发挥功能上和景色上的最大效果。既要尽量利用原有建筑和原有树木,又要善于借景。在植物种植上,以乡土树种和栽培繁殖容易的树木为主、外来树种和栽培繁殖较困难的为辅;以木本为主,草本为辅,一般区域以栽培合格的出圃大苗为主,重点景区可考虑移植大树。设计时,要充分考虑施工养护的管理方便,节约施工和养护管理的人力、物力、财力,贯彻因地制宜、因时制宜、就地取材的原则。艺术表现手法要采取"画龙点睛"的方法,经济地使用名贵花木和艺术性虽高但造价高昂的建筑。

3. 美观原则

在"适用"、"经济"前提下,尽可能地做到"美观",这里的美观是指园林的布局、造景的艺术要求。在某些特定的条件下,美观要求提到最重要的地位。实际上,美、美感,本身就是一个"适用",也就是它的观赏价值。园林中的孤置假山、雕塑作品等起到装饰、美化环境,创造出感人的精神文明的氛围,这就是一种独特的"适用"价值,美的价值。

园林中的美观,是指园林除满足功能要求外,还要考虑游人的审美情趣,满足游人赏景的要求。主要是指园林中地形、地貌、水体的起伏开合,建筑物的布置,游览路线的安排,树木及花草的搭配,园林空间的组织,色彩的运用等方面,要遵循一定的艺术原理,达到风景优美,使游人喜闻乐见,心情舒畅而流连忘返。

地形地貌的起伏变化可以丰富园林空间,增加层次,"山重水复疑无路,柳暗花明又一村"。通过地形的变化可以让人产生错觉,扩大园林空间。水体要有大有小,有主有次,有开有合,可用岛、半岛、堤、桥和曲折多变的水岸、驳岸分隔组织出丰富的水面空间景观层次,使其产生点、线、面的韵律感。建筑的布置或按轴线排列或按功能需要错落有致,或气势磅礴,或小巧玲珑。树木花草的搭配在满足其本身的生长要求的前提下,还要具有较高的观赏价值,做到四季有花,四季有变化,或繁花似锦,或满园春色。

园林是绚丽的彩色世界,是供人们游览的空间境域。园林色彩作用于人的感官,能引起情感反应。例如,园林中色彩协调、景色宜人,能使游人赏心悦目、心旷神怡、游兴倍增;若色彩对比过于强烈,则令人产生厌恶感;若色彩复杂而纷繁,则使人眼花缭乱、心烦意乱;若色彩过于单调,则令人兴趣索然;若所用色彩为冷色,可使环境气氛幽静;若为暖色,则能使环境气氛活跃。因此,如何科学、艺术地运用色彩美化环境,以满足人们精神生活的需要,是一个非常重要的问题。

4. 生态效益和景观效果结合原则

园林规划设计要达到生态性与观赏性的统一,绿与美的统一,服务功能与艺术价值的统一。这里的生态是指园林绿化必须建立在尊重自然、保护自然、恢复自然的基础上。

园林规划设计不能仅仅考虑适用、经济和美观,还必须考虑将园林建设成为具有良好生态效益的环境。20 世纪 60 年代以来,为保护人类赖以生存的环境,欧美一些发达国家的学者,将生态环境科学引入城市科学,从宏观上改变人类环境,体现人与自然的最大和谐。于是景观生态、环境美学的理论应运而生,即从生态学的观点出发,在人类生存的环境中保持良好的生态系统。

园林绿化正是被看作改善城市生态系统的重要手段之一。所以,现代园林规划设计应以生态学的原理为依据,以达到融游赏娱乐于良好的生态环境之中的目的。在现代园林建设中,首先,应特别重视植物造景的作用。其次,应提倡多用乡土树种。再次,植物造景时,应以体现自然界生物多样性为主要目标之一,乔木、灌木、草本并用,层次结构合理,各种植物各得其所,以取得最大的生态效益。

5. 适地适景、因地制宜原则

依据绿地的地形、地貌和周边环境造景,做到横有起伏具韵律,纵有层次富变化,避免平直呆板。自然美与几何规则美结合,运用好比例、节奏、对比、协调、对称、平衡、稳定、动势、直曲等形式美规律营造园林的意境美。布局构图宜自然则自然,宜规则则规则。树木整型修剪规则美与树木天然美相结合。

6. 植物造景为主原则

通过植物的多样性营造景观的多样性。运用植物的生命美、色彩美、姿态美、风韵美、人格化、多样化的特性,平面绿化与立体绿化相结合,彩叶树种与常绿树种相搭配,使绿地在四季的静态构图中,呈现季相的动态变化,达到三季有花、四季常青。

7. 生态建园与文化建园结合原则

设计既要符合生态学原理,又要遵循美学法则。通过科学配置植物,应用"巧于因借"等造园手法来体现园林诗情画意的文化品味。

8. 以人为本原则

绿地设计要满足市民的需求和多样化的审美情趣,绿地要体现可融入性和可参与性。发挥好园林给人蔽阴、给人欢愉启迪、陶冶性情、慰藉心灵的作用。

9. 地方特色原则

从当地的自然环境、物候和地域特点出发,将城市历史文脉融入园林设计中,利用好当地植物和本地的自然水系,创造富有本地标志的特色园林。

10. 整体协调原则

做好构景要素之间的协调、园林绿地与周边环境及整个绿地系统的协调。园林建筑和小品在形式、体量、尺度、色彩、质地上必须服从环境需要,与其他景物协调统一。园林布局要主次分明、承上启下、前后呼应、烘托对比,使景物相得益彰。

11. 整旧如旧原则

老公园、旧绿地的改造要保存其流风余韵和历史信息,尽量保存古树、大树、建筑和旧有布局。

12. 师法自然原则

师法自然景观的多样性和趣味性,造园要达到"虽由人作,宛自天开"的效果,绿地要开放、简洁明快。掇山叠石要有山野之味,理水造池要有水乡之韵。

13. 继承与创新结合原则

融会贯通古今中外园林艺术，做到古为今用，洋为中用。园林设计始终与时俱进，富有时代新意和内涵。

在园林设计过程中，以上 13 个原则之间不是孤立的，而是紧紧联系、不可分割的整体。单纯追求"适用、经济"，不考虑园林艺术的美观，就要降低园林的艺术水准，失去吸引力，不受广大人民群众的喜欢；如果单纯追求"美观"，而不全面考虑"经济"问题和"适用"问题，就可能产生某种偏差或者缺乏经济基础而导致设计方案成为一纸空文。所以，园林设计必须在生态的基础上，以适用和经济为前提，尽可能做到"美观"，并且能够考虑到地方特色等因素，把以上 13 个原则有机地结合在一起，统一考虑，最终创造出理想的园林设计艺术作品。

2.1.3　园林设计布局的一般原则

①园林绿地构图应先确定主题思想，即意在笔先。还必须与园林绿地的使用功能相统一，要根据园林绿地的性质、功能用途确定其设施与形式。

②要根据工程技术、生物学要求和经济上的可能性进行构图。

③根据园林绿地的性质、功能确定设施与形式，不同的性质、功能就应有不同的设施和不同的布局形式。如城市动物园以展览动物为主，兼有普及动物知识和科研作用，除供游憩需要少数服务型建筑外，一般不设大型活动场地和儿童游戏场地，建筑密度可比其他公园大。为配合动物生态的环境需要，常为自然式布局。

④按照功能进行分区，各区要各得其所，景色分区要各有特色、化整为零、园中有园，既要相互提携，又要多样统一，既分隔又联系，避免杂乱无章。

⑤各园都要有特点、有主题、有主景，要主次分明，主题突出，配景扶持，避免喧宾夺主。

⑥结合周围景色环境，巧于因借，做到"虽由人作，宛自天开"，避免矫揉造作。

⑦要有诗情画意，这也是我国园林艺术的特点之一。要把现实风景中的自然美提炼为艺术美，把诗情画意搬到现实中来，其实质上就是把我们设计的现实风景提高到诗和画的境界。这种现实的园林风景，可以产生新的诗和画，使人能见景生情，达到情景交融的目的。

2.2　园林规划设计的基本原理

2.2.1　比例与尺度

1. 比例

古希腊数学家、哲学家毕达哥拉斯把数当作世界的本源，认为"万物都是数"，"数是一切事物的本质，整个有规定的宇宙组织，就是数以及数的关系的和谐系统"。基于这种哲学观点，他认为美是数的关系表现。在几何学上，他发明了"外中比"，即"黄金分割"，称为最美的线段。什么叫黄金分割？就是在一根线段上取一点，使全线段与被分割的长线段之比,等于这根被分割的长线段与被分割的短线段之比。古希腊人按照这种黄金分割建筑神庙。

文艺复兴时期的艺术家发现,人体结构,身高的各线段比,身宽的各线段比,两手平举的各线段比都符合黄金分割律,因此认为人是生物界最美的,人即美,美即人。他们寻求艺术的几何比例基础,按黄金分割塑造人物形象。近代西方人把"黄金分割面型"作为审美标准。文艺复兴时期的艺术家们和古希腊人一样,认为黄金分割是建筑不可违反的。帕乔里在《论神的比例》中说:"一切企求成为美的东西的世俗物品,都得服从黄金分割。"我国秦汉的砖,长宽比接近黄金分割。书报的对开、四开、八开、十六开、三十二开是按黄金分割裁的。华罗庚的优选法也是黄金分割。以后有的人对于日用品或工艺品矩形的边的长宽设计,线段间的比取其近似 $1:0.618$,并从数学上找到这样一个简便的规律,即按照数列 2、3、5、8、13、21……中得出 2:3、3:5、5:8、8:13、13:21……的比值都是黄金分割的近似值。

比例体现在园林景物的体形上,具有适当美好的关系,其中既有景物本身各部分之间的比例关系,也有景物之间、个体与整体之间的比例关系,这些关系难以用精确的数字来表达,而是属于人们感觉上和经验上的审美概念。

2. 尺度

和比例密切相关的另一个特性是尺度。尺度是指人与物的对比关系。比例只能表明各种对比要素之间的相对数比关系,不涉及对比要素的真实尺寸,仿佛照片的放大和缩小一样,缺乏真实的尺度感。因而,在相同比率的情况下,对比要素可以有不同的具体数值。

为了研究建筑的整体与局部给人以视觉上的大小印象和其真实尺寸之间的关系,通常采取不变因素与可变因素进行对比,从其比例关系中衬托出可变因素的真实大小。这个"不变因素"就是"人",因为人是具有众所周知的真实尺寸的,而且尺寸变化不大。以"人"为"标尺"是易于为人们所接受的。古希腊哲学家苏格拉底说:"能思维的人是万物的尺度。"例如,人们通常不用尺子而用人的几围来量度古树名木树干的周长。又如在野外摄影,为了要说明所摄对象(树、石、塔、碑等)的真实高度,常常傍立一人为标尺,使读者马上能判断出对象有几人高的真实高度来。这种以人为标尺的比例关系就是"尺度"。生活中许多构件或要素与人有密切的关系,如栏杆、扶手、窗台、踏步、桌椅以及板凳等,根据使用功能要求,它们基本上保持不变的尺寸,所以在建筑构图上也常常将它们作为"辅助标尺"来使用。园林绿地构图的尺度是以人的身高和使用活动所需要的空间为视觉感知的量度标准的。

比例与尺度原本是建筑设计上的基本概念,也同样适用于园林艺术构图,比例与尺度运用恰当,将有助于绿地的布局与造景艺术的提高。英国美学家夏夫兹博里说:"凡是美的,都是和谐的和比例合度的。"所谓合度,应理解为"增之一分则太长,减之一分则太短;著粉则太白,施朱则太赤"。简而言之,合度就是"恰到好处"。

2.2.2　多样与统一

世界上的万事万物都不是孤立存在的,它们之间有着错综复杂和千丝万缕的联系,而事物发展的规律性恰好就孕育或包含于这种联系之中,规律就是事物间的本质联系。所以,18 世纪法国资产阶级启蒙思想家狄德罗便提出了"美在关系"的著名论点。"美在关系"但不是所有关系都是美的,只有称得上和谐的关系才是美的关系。如果把众多的事物通过某种关系联系在一起,获得了和谐的效果,这就是多样统一。多样统一规律是一切艺术领域中处理构图的最概括、最本质的原则,园林构图亦莫能外。多样就意味着不同,不同就存在着差异,有差异就是变化。因此,多样就同变化等同起来。所以,多样统一亦可称为变化统一。统一就是协调,亦就是和谐,没有多样就无所谓统一,正因为有了多样才需要统一。多样统一规律反映了一个艺术作品的整体构图中的各个变化着的因素之间的相互关系。以音乐与绘画为例,如果音乐缺乏变化,就将产生单调枯燥的感觉,令人厌倦;如果缺乏统一,则音乐中只有噪声,使人感到刺耳难忍。同样的,绘画只有变化而没有统一,使人感到杂乱无章,如果画面缺乏变化,就会使人感到平淡无奇。一件艺术作品的重大价值,不仅在很大程度上依靠构成要素之间的差异性,而且还有赖于艺术家把它们安排得统一。或者说,最伟大的艺术是把最繁杂的多样变成最高度的统一,这已经成为人们普遍承认的事实。

园林构图中的多样化是客观存在的,是不成问题的,而在园林构图中要把势在难免的多样化组成引人入胜的统一,却是比较困难的。

要实现园林构图的统一,应做到以下几点。

1. 因地制宜、因情制宜、合理布局

根据园林绿地的性质、功能要求和景观要求,把各种内容和景物,因地制宜和因情制宜地进行合理布局,是实现园林构图多样统一的前提,非此无可言他。

2. 调整好主从关系

通过次要部位对主要部位的从属关系达到统一的目的。以下借用苹果树的整形修剪来说明构图的主从关系。一株高产的苹果树,必须有坚强的主干和中央领导干,还要有着生在主干和中央领导干上分布均匀的主枝。主干、中央领导干以及主枝构成了树体的骨架,为果树丰产奠定了基础。再由各个主枝上分出各级侧枝,各级侧枝之间的关系是互相谦让又互相嵌合的,上不掩下,右不挤左,均匀分布,构成了苹果树的庞大树冠。为了避免各级枝条争夺阳光、养分和水分,需要将树冠中的重叠枝、交叉枝、徒长枝、纤弱枝和影响通风透光的内膛枝剪除,随时调整各级枝条之间的从属关系,平衡生长势力,使光照、水分以及养分得到合理分配,方能达到丰产和稳产的目的。从树形的外观上看,有主有从,完整统一,充分印证了英国哲学家休谟关于"美是各部分之间这样一种秩序和结构"的论点。在园林中也要有明确的从属关系,在众多的构景空间中,必有一个空间在体量上或高度上起主导作用,其他大小空间起陪衬或烘托作用。同样,在每个空间中也一定要有主体与客体之分,主体是空间构图的重心或重点,也起主导作用,其余的客体对主体起陪衬或烘托作用。这样主次分明,相得益彰,才能共存于统一的构图之中。若是主体孤立,缺乏必要的配体衬托,即形成孤家寡人。如过分强调客体,喧宾夺主或主次不分,都会导致构图失败。

所以,整个园林构图乃至局部都需要重视这个问题。凡是成为名园的构图,重点必定突出,主次必定分明;凡是缺乏重点,主次不分明的园林,其景观必然紊乱或贫乏,缺乏强烈的艺术感染力,很难引人入胜,更谈不上构图的统一性。由此可见,在构图中建立良好的主从关系是达到统一的重要条件。

3.建立次要景物之间良好的协调关系

在众多的次要景物之间建立良好的协调关系,是构图达到统一的重要手段。各次要景物之间的关系虽不同于苹果树各级侧枝之间的关系,但彼此之间也应有一定的相关性,成为整体构图中不可缺少的成员。以南京雨花台烈士陵园北殉难处为例,这个局部是该园构图的第一个空间,即自正门入口广场竖立的用淡色花岗岩饰面的碑式立柱组成开敞式的入口园门开始,到由宽阔的通道正对殉难处的一组纪念性群雕止。空间范围为 51～132 m,烈士的群雕是这个空间的主题。在相对的两个门柱上,各塑着一个水泥塑的花圈,突出了公园的性质和人们对烈士沉痛悼念的心情。从入口到主题之间的地面分成三层不同高度的台地,把主题的基座推高到 7 m 左右。主题的背景为三面林木环抱的高地,使主景在背景的衬托下十分醒目。用对称排列的龙柏构成宽为 15 m 的、通向群雕的一条主轴线,一方面显示主题的严肃性和庄严伟大的意义,另一方面加强了对主题的透视作用,把人们的视线引向主题,使主题更加突出。在主轴线的两侧,各有一条宽为 6 m 与主轴线平行的路,与龙柏相对应的路的另一侧为雪松和冷杉。雪松体型较龙柏粗壮,构成主轴线的外围,用来陪衬龙柏,起烘托空间气氛的作用。沿着每条绿带的边缘种植瓜子黄杨和书带草等边缘植物,使绿带轮廓整齐清晰。用紫叶李和紫薇等树种增加夏季色彩对比,使过于严肃的空间,增加了一点活跃感。在群雕周围的山坡上,遍植红枫与杜鹃,一方面增加春秋二景,另一方面又象征着泣血杜鹃与碧血丹心之意。这些布置说明了构图中的各个景物的选择和安排,都是为了加强主题,在各自的岗位上发挥作用。同时,它们之间又以一定的构图形式互相联系着,用合适的比例与尺度、合适的节奏与韵律以及动势与均衡等艺术法则,使之产生一种既和谐又庄严的美,这就是统一。

2.2.3　调和与对比

构图中各种景物之间的比较,总有差异大小之别。差异小的亦即这些景物比较类同,共性多于差异性,把这些类同的景物组合在一起,容易协调,这类景物之间的关系便是调和关系。有些景物之间的差异很大,甚至大到对立的程度,把差异性大于共性的这类景物组合在一起,它们之间的关系便是对比关系。但须注意的是,调和与对比只存在于同一性质的差异之间,如体量大小、空间开敞与封闭、线条的曲与直、颜色的冷与暖、光线的明与暗、材料质感的粗糙与光滑等,而不同性质的差异之间不存在调和与对比,如体量大小与颜色冷暖是不能比较的。现将调和与对比分述如下。

1.调和

调和本身就意味着统一。调和手法广泛应用于建筑、绘画、装潢的色彩构图中,采取同一色调的冷色或暖色,用以表现某种特定的情调和气氛,十分耐人寻味。在建筑渲染图中,采用类似的色调与柔和的光影,表现建筑物所具有的沉静和优雅的气氛。这种画法又擅长捕捉环境中的空气感,适于表达清晨或黄昏时刻雾气迷离的景象,引起人们联想的意境是广阔而又生动的。

调和手法在园林中的应用,主要是通过构景要素中的岩石、水体、建筑和植物等的风格和色调的一致而获得的。尤其园林的主体是植物,尽管各种植物在形态、体量以及色泽上有千差万别,但从总体上看,它们之间的共性多于差异性,在绿色这个基调上得到了统一。总之,凡用调和手法取得统一的构图,易达到含蓄与幽雅的美。美国造园家们认为城市公园里不宜使用对比手法,他们主张那里需要精神上、功能上、形式上和材料上的恰如其分,四周充满着和谐统一的环境,比起对比强烈的景物更为安静。

2. 对比

在造型艺术构图中,把两个完全对立的事物作比较,叫做对比。凡把两个相反的事物组合在一起的关系,称为对比关系。通过对比而使对立着的双方达到相辅相成、相得益彰的艺术效果。这便达到了构图上的统一。对比是造型艺术构图中最基本的手法,所有的长宽、高低、大小、形象、光影、明暗、浓淡、深浅、虚实、疏密、动静、曲直、刚柔、方向等的量感到质感,都是从对比中得来的。

(1)形象对比

有长宽、高低、大小、粗细、方圆、刚柔等不同形象的对比。以低衬高、以小衬大、以细衬粗、以柔衬刚、以方衬圆都能造成人们的错觉,使长者愈显其长,高者愈显其高,大者愈显其大等,反之亦然。例如某广场上的纪念碑与水池边的水杉林就取得了高与低、水平与垂直的对比效果。地形地貌中的山水对比;高地与平地的对比;水陆对比;主景与背景的对比;大园的开敞明朗与小园的封闭幽静的对比;平静水体与流动水体的对比;建筑与植物的对比;乔木与灌木的对比;棕榈叶与针叶的对比等都是形象的对比。

(2)体量对比

把体量大小不同的物体,放在一起进行比较,则大者愈显其大,小者愈显其小。但是把两个体量相同的物体分别放在两个大小不同的空间内进行比较,能予人以不同的量感。如两块体量相同的峰石,把一块置于开阔的草坪上,而把另一块置于闭合的天井里,则前者会感其小,而后者会感其大,这是由于对比而产生的"大中见小"和"小中见大"的道理。这种大小的感觉原本是相对的。体量对比达到和谐的重要手段是比例。体量不同,但比例相同的物体放在一起,较易达到和谐的目的。

(3)方向对比

在园林规划设计中的主副轴线形成平面上方向的对比;山与水形成立面上方向的对比。在建筑组合上的立面处理,有横向处理、纵向处理以及纵横交叉处理等,可使空间造型产生方向上的对比。方向对比取得和谐的关键是均衡。

(4)空间开合收放的对比

颐和园中苏州河的河道由东向西,随万寿山后山山脚曲折蜿蜒,河道时窄时宽,两岸古树参天,使空间时开时合,时收时放,交替向前,通向昆明湖。合者,空间幽静深邃;开者,空间宽敞明朗;在前后空间大小的对比中,景观效果由于对比而彼此得到加强。最后来到昆明湖,则更感空间之宏大,湖面之宽阔,水波之浩渺,使游赏者的情绪,由最初的沉静转为兴奋,再沉静,再兴奋,把游人情绪引向高潮,感到无比兴奋。这种对比手法在园林空间的处理上是变化无穷的。

(5)明暗的对比

由于光线的强弱造成空间明暗的对比,加强了景物的立体感和空间变化。"明"给人以开朗活跃的感受,"暗"给人以幽深与沉静的感受。一般来说,明暗对比强烈的空间景物易使人振奋,明暗对比弱的空间景物易使人安静。游人从暗处看明处,景物愈显瑰丽而灿烂,从明处看暗处则景物愈显深邃。明暗对比手法在空间开合收放的对比中,也表现得十分明显。林木森森的闭合空间显得暗,由草坪或水体构成的开敞空间则显得明。明暗对比手法,在古典园林中应用较为普遍。苏州留园和无锡蠡园的入口处理,都是先经过一段狭长而幽暗的弄堂和山洞,然后进入主庭院,深感其特别明朗。

（6）虚实对比

虚予人以轻松,实予人以厚重。山水对比,山是实,水是虚;建筑与庭院对比,则建筑是实,庭院是虚;建筑四壁是实,内部空间是虚;墙是实,门窗是虚;岸上的景物是实,水中倒影是虚。虚实的对比,使景物坚实而有力度,空灵而又生动。园林十分重视布置空间,处理虚的地方以达到"实中有虚,虚中有实,虚实相生"的目的。例如,圆明园九洲"上下天光",用水面衬托庭院,扩大空间感,以虚代实;再如苏州怡园面壁亭的镜借法,用镜子把对面的假山和螺髻亭收入镜内,以实代虚,扩大了境界。此外,还有借用粉墙、树影产生虚实相生的景色。

（7）色彩对比

"万绿丛中一点红",在园林植物配置中,通常选用彩叶植物作点缀,就是通过色彩对比突出景观美。在日式园林中,常在绿色丛林中布置红色拱桥,也是应用色彩对比的方法来突出主景。

（8）质感对比

在园林绿地中,可利用植物与建筑、道路、广场、山石、水体等不同材料的质感,造成对比,增强艺术效果,即使植物之间也因树种不同,有粗糙与光洁、厚实与透明的不同,产生质感差异。利用材料质感的对比,可造成雄厚、轻巧、庄严、活泼或以人工胜或以自然胜的不同艺术效果。如云南石林的望峰亭建在密集如林的奇峰怪石之巅,通过形、色、质等的强烈对比,产生了奇丽的景色,吸引了众多游人登亭远眺。

（9）疏密对比

疏密对比在园林构图中比比皆是。如群林的林缘变化是由疏到密、由密到疏和疏密相间,给景观增加韵律感。《画论》中提到"宽处可容走马,密处难以藏针",故颐和园中有烟波浩渺的昆明湖,也有林木葱郁、宫室建筑密集的万寿山,形成了强烈的疏密对比。

（10）动静对比

六朝诗人王籍《入若耶溪》里有一联说:"蝉噪林逾静,鸟鸣山更幽。"诗中的"噪"和"静"、"鸣"和"幽"都是自相矛盾的两个方面,作者却把它们撮合在一起,需要仔细玩味,方能知其奥妙。林荫深处有蝉常噪,可使环境平添几分寂静之感。山谷之中有鸟啼鸣,益增环境之幽邃气氛。人们只有在夜深人静的时候,才能听到秒钟的滴答声,它表明四周万籁俱寂。在广州山庄旅社,有一处三叠泉,水声打破了山庄的幽静,这是静中有动,滴水传声,清新悦耳,但正是这水声的动反衬着环境的静,静得连滴水声都如此清晰,它使人联想到"风定花犹落,鸟鸣山更幽"的动静对比的诗句。在庭院中处理几滴水声,能把庭院空间提高到诗一般的境界。

动静对比在园林中表现在各个方面,而动是绝对的,静是相对的。"树欲静而风不止",更何况有一些树体本身的千姿百态就蕴藏着一种动态美。亭、台、楼、阁等园林建筑原本是静止的,但它的飞檐翘角在静穆中有飞动之势,静态中有动势之美。

对比手法在园林艺术中,真可谓比比皆是,不仅表现在上述的各个方面,而且是错综复杂的。在两个景物中往往大小、高矮、色彩、形态、虚实、明暗、刚柔等同时存在着对比,例如园林建筑与形态万千的自然景物之间包含着形、色、质、明暗、光影、虚实、浓淡、刚柔等种种对比因素。建筑有自然景物的陪衬,建筑艺术才能得到充分的表现;而自然景物有了建筑物的点缀,如同画龙点睛般,使景色更加集中和更为生动。凡是通过对比而使对立着的双方能相辅相成,相得益彰,从而使人产生美感的构图,便是统一的构图。古希腊数学家斐安讲:"和谐是杂多的统一,不协调因素的协调。"新毕达哥拉斯学派尼柯玛赫在《数学》一书中指出:"一般地说,和谐起于差异的对立。"

调和与对比的区别就在于差异的大小,前者是量变,后者是质变,因而就成了矛盾的对立面,各以对方的存在为自己存在的前提。因而在园林艺术构图中,如果只有调和,没有对比,则构图欠生动;如果过分强调对比而忽略了调和,又难达到谧静安逸的效果。所以,调和与对比在园林构图中是达到统一的两个对立面,作为矛盾的结构,强调的是对立因素之间的渗透与协调,而不是对立面的排斥与冲突。如"万绿丛中一点红"中的万绿,不仅说明了"绿"在构图中所占的量,也说明了同为绿色之间所存在的差异,不过这种差异是在同一色相的基础上的差异,都是类似色,是调和的;"一点红"也说明了在整体构图中所占的比例是极小的,仅有万分之一,但它与"绿"的差异却是很大的,大到对立的程度,虽然量很少,但由于有万绿的衬托而格外醒目,成为构图中的主题,"万绿"只是它的陪衬,构成了极为生动和谐的景观,调和与对比能够和谐的统一在整体构图之中。由此说明,调和景物在构图中所占的比例要大,而对比是指与大量调和的景物进行对比,就象鹤立鸡群一样,以突出调和景物的对立面,因此量宜小。这是在构图中突出主题以取得和谐的秘密。试想"万绿丛中万点红",其景效将如何? 双色等量齐观,不仅失去了主次,而且由于对比过于强烈,引起游人心情烦燥不安。当然我们也可以设想"万红丛中一点绿"的景观效果是否与"万绿丛中一点红"相同,尚须作进一步验证。对比与调和的统一,从本质上讲,是人类社会和自然界一切事物运动的发展规律,即对立统一规律是一致的,是对立统一规律在园林艺术构图中的体现。

2.2.4　渐变

渐变是按一定顺序发生发展的、连续的、逐渐的变化。例如,自然界中一年四季的季相变化,天穹中自天空到地平线的色彩变化,人的视野由近到远、物体从清晰到模糊的过程,建筑墙面由于光源影响所呈现的由明到暗以及色彩上逐渐的转变等均属之。这种变化的范围,有时也可能是从对比的一个极端逐渐变化为另一个极端。因此,渐变有时也包含着对比与调和两个因素,通过渐变的形式,把两个对立因素统一在同一个构图之中。这种构图方式给人以既含蓄又富于变幻的情思。

中国南北行程万余千米,在这冗长的行程中,气候变化是一个渐变过程,但也有因一山之隔而引起气候突变的。犹如秦岭山脉之阻隔,山之南北气候迥然不同,这就产生了急变,这是自然现象。反映在园林设计中,由一个空间转向另一个空间,时常采用渐变的手法,注重空间过渡,使景物之间容易协调统一。然而也并不排斥园林空间的突变,如处理园中园时,一定要采取封闭式庭院,周围院墙高筑,与外界隔离,其中风景结构自成体系,无须采取过渡形式,这在构图中是允许的。与中国园林风格迥异的西洋园之所以能出现在圆明园中,就是用的这种手法。

2.2.5　韵律与节奏

在视觉艺术中,韵律与节奏本身是一种变化,也是连续景观达到统一的手法之一,同时园林空间的构图的艺术性很大部分是依靠韵律和节奏来获得的。

韵律原是指诗歌中的声韵和节律。在诗歌中音的高低、轻重以及长短的组合,匀称的间歇或停顿,一定地位上相同音色的反复出现以及句末或行末用同韵同调的音相和时,构成了韵律,它加强了诗歌的音乐性和节奏感。节奏是音乐术语,音响运动的轻重缓急形成节奏,其中节拍强弱或长短交替出现而合乎一定的规律。节奏为旋律的骨干,也是乐曲结构的基本因素。韵律与节奏有其相同之处,也有它不同之处。相同之处是它们都能使人产生对音响的美感,不同之处是:韵律是一种有规律的变化,重复是产生韵律的前提,简单有力,刚柔并济,而节奏变化复杂,通过强烈的节奏,能使人产生高山流水的意境。节律是节奏与韵律所引起美感的总称。

自然界充满着有声与无声的节律,如大海波涛,一浪比一浪高,这是简单的节律。大海有时风平浪静,有时汹涌澎湃,能影响到人们的心胸,是心旷神怡或是激情满怀,从而谱写出一曲具有较复杂节奏的心之歌,这种节奏感是有声的;蓝天中的白云轻重厚薄,有时像重重雪山,有时像群群绵羊,随风移动,变幻莫测,这种节律感是无声的,更难以捉摸。在园林绿地中,也有节律的体现。如行道树、花带、台阶、蹬道、柱廊、围栅等都具有简单的节律感。复杂一些的如地形地貌、林冠线、林缘线、水岸线、苑路等的高低起伏和弯环曲折变化,还有静水中的涟漪、飞瀑的轰鸣、溪流的低语、空间的开合收放和相互渗透与空间流动、景观的疏密虚实与藏露隐显等都能使人产生一种有声与无声交织在一起的节律感。由于园林工作者对时空序列的巧妙安排,园林时空景物的变化,像贝多芬的《田园》一样组成一曲绝妙的园林赞歌。阿炳的《二泉映月》和张若虚的《春江花月夜》都是有感于园林景观之美而谱写出来的乐曲。所以说音乐中用数的结构来表示节奏关系,使诉诸听觉的音乐和诉诸视觉的园林艺术有着内在的联系,所有美好的景物都能化无声为有声。可见,园林景观也是其他艺术创作的源泉。

韵律与节奏是风景连续构图中达到和谐统一的必要手段。宋代画家李成说:密树稠林,断续防他刻板。刻板就是不生动,没有节律,若是使林带有断有续、有疏有密、有宽有窄,就能产生节奏。我们以最简单的行道树为例,在道路两旁各栽一行行道树,树种和大小完全一致,整齐划一,如同列队的卫士,威风凛凛,但缺乏变化,不能产生节奏。如果这样的排列长达数十千米,容易使驾驶员目眩和困乏。如果用两株冠形不同的行道树或在每两株行道树之间种一丛开花灌木,则有了变化,即能产生"1·2·1"的简单有力的节奏。如我们再在行道树带前,种上一行绿篱,则在高低音之间又增加了一个和谐的音符。如若打破有规律的节奏,在道路两旁用多种树木花草布置成高低起伏、疏密相间的结构,则更富有节律感。由此可知,韵律与节奏是风景连续构图中达到和谐统一的必要手段。

2.2.6　对称与均衡

均衡是视觉艺术的特性之一,是在艺术构图中达到多样统一必须解决的问题。自然界凡属静止的物体都要遵循力学原则,以平衡的状态存在,不平衡的物体或造景使人产生躁乱和不稳定感,亦即危险感。园林中的景物一般都要求赏心悦目,使人心旷神怡,所以供静观或动观的景物在艺术构图上都要求达到均衡。均衡能促成安定,防止不安和混乱,给景物外观以魅力和统一。构图上的均衡虽与力学上的平衡的科学含义一致,但纯属于感觉上的。均衡有对称和非对称均衡两种类型,现分述如下。

1. 对称均衡

对称均衡的特点是:①一定有一条轴线;②景物在轴线的两边作对称布置。如果布置的景物从形象、色彩、质地以及分量上完全相同,如同镜面反映一般,称为绝对对称。如果布置的景物在总体上是一致的,而在某些局部却存在着差异,则称为拟对称。最典型的例子如寺院门口的一对石狮子,初看是一致的,细看却有雌雄之别。凡是由对称布置所产生的均衡就称为对称均衡。对称均衡在人们心理上产生理性的严谨、条理性和稳定感。在园林构图上这种对称布置的手法是用来陪衬主题的,如果处理恰当,则主题突出,井然有序。如法国凡尔赛公园那样,显示出由对称布置所产生的非凡的美,成为千古佳作。但如果不分场合,不顾功能要求,一味追求对称性,有时反而流于平庸和呆板。英国著名艺术家荷加兹说:"整齐、一致或对称只有在它们能用来表示适宜性时,才能取悦于人。"如果没有对称功能要求与工程条件的,就不要强求对称,以免造成削足适履之弊。

2. 不对称均衡

自然界中除日、月、人和动物外,绝大多数的景物是以不对称均衡存在的。尤其我国传统园林都是模山范水,景观都以不对称均衡的状态存在。在景物不对称的情况下取得均衡,其原理与力学上的杠杆平衡原理颇有相似之处。一个小小的秤铊可平衡,这个平衡中心就是支点。调节秤铊与支点的距离,在园林布局上,即重量感大的物体离均衡中心近,重而取得均衡。国画中常有近处的山石与远处的一叶轻舟相均衡的处理,齐白石画中的鸟、鱼、虫在布局上与题词和印章取得均衡,用的也是这个原理。

中国园林中假山的堆叠,树桩盆景和山石盆景的景物布置等也都是不对称均衡。不对称均衡构图的美学价值,可以起到移步换景的效果。不过在构图时要综合衡量构成园林绿地的物质要素的虚实、色彩、质感、疏密、线条、体型、数量等给人产生的体量感觉,不仅要考虑平面构图,还要考虑立面构图,要努力培养对景物的多维空间的想象力。

所有景物小至微型盆景,大至整个绿地以及风景区的布局,都可采用不对称均衡布置,它在人们的心理上产生偏感性的自由灵活,给人以轻松活泼的美感,充满着动势,故又可称为动态平衡。

综上所述,因地制宜、因情制宜地调整好主从关系,正确运用调和与对比、渐变、节律、均衡等是构图中最基本、最常见的手法,均可由"多样统一"这一根本原则概括。为了表现主题,也必须从被描绘的对象、最本质的特征之中,寻求最合适的手法。在成功的绘画实例中可以看到,一方面,作者运用了某种手法恰当地表现了某一对象;另一方面,也可以说某一对象正需要通过一种特定的手法才能得到最好的表现。所谓"没有斧凿之痕",就是手法本来就寓于题材之中。园林艺术是一项综合性艺术,在设计中并不是采用某一种手法可以达到完善的结果,而是需要综合运用各种手法,方能达到最佳的艺术效果。

2.3　赏　景

景的观赏有动静之分,同时在人们游赏的过程中由于人的观赏视角或观赏视距的不同,对景物的感受也不同。

2.3.1　动态观赏与静态观赏

景的观赏,动就是游,静就是息。一般园林绿地的规划,应从动与静两方面的要求来考虑。动态观赏,如同看风景电影,成为一种动态的连续构图。静态观赏,如同看一幅风景画。动态观赏一般多为进行中的观赏,可采用步行或乘车乘船的方式进行。静态观赏则多在亭廊台榭中进行。游人在园林中赏景既需要动态观景,又需要静态观景,设计者应在游览线上系统地组织景物及赏景设施,以满足游人赏景的需要。

2.3.2　观赏点与观赏视距

无论动态、静态的观赏,游人所在位置称为观赏点或视点。观赏点与被观赏景物间的距离称为观赏视距。观赏视距适当与否与观赏的艺术效果关系很大。最适视距,如主景为雕像、建筑、树丛、艳丽的花木等,最好能在垂直视角为30°,水平视角为45°的范围内。

在平视静观的情况下,水平视角不超过45°,垂直视角不超过30°,则有较好的观赏效果。关于对纪念碑的观赏,垂直视角如分别按18°、27°、45°安排,则18°视距为纪念碑高的3倍,27°为2倍,45°为1倍。如能分别留出空间,则当以18°的仰角观赏时,碑身及周围的景物能同时观赏到,27°时主要能观赏碑的整个体型,45°时则只能观赏碑的局部和细部了。

2.3.3　俯视、仰视、平视的观赏

观赏点与被观赏的景物之间的位置有高有低。高视点多设于山顶或楼上,这样可以产生鸟瞰或俯瞰的效果,登高而望,高瞻远瞩,可俯览园内和园外景色,并可获得较宽幅度的整体景观感觉;低视点多设于山脚或水边,水边的亭、榭、旱船,或山洞底部、飞檐挑梁、假山洞、悬崖等,能产生高耸、险峻的景观;观赏点与景物之间高差不大,将产生平视效果,使人感觉平静、舒适。

2.4　园林规划设计的方法和程序

2.4.1　造景方法

在园林绿地中,因借自然、模仿自然组织创造供人游览观赏的景色谓之造景。人工造景要根据园林绿地的性质、规模因地制宜、因时制宜。现从主景与配景、景的层次、借景、

对景与分景等方面加以说明。

1. 主景与配景

"牡丹虽好,还需绿叶扶持"。景无论大小均宜有主景、配景之分。主景是重点,是核心,是空间构图中心,能体现园林绿地的功能与主题,富有艺术上的感染力,是观赏视线集中的焦点。配景起着陪衬主景的作用,二者相得益彰又形成一艺术整体。不同性质、规模、地形环境条件的园林绿地中,主景、配景的布置是有所不同的。如杭州花港观鱼公园以金鱼池及牡丹园为主景,周围配置大量的花木(如海棠、樱花、玉兰、梅花、紫薇、碧桃、山茶、紫藤等)以烘托主景。北京北海公园的主景是琼华岛和团城,其北面隔水相对的五龙亭、静心斋、画舫斋等是其配景。

为了突出主景,园林设计中常常采取一些措施,常用的手法一般有以下几种。

(1)主体升高

为了使构图的主题鲜明,常常把集中反映主题的主景,在空间高程上加以突出,使主景主体升高。升高的主景,由于背景是明朗简洁的蓝天,使主景的造型、轮廓、体量鲜明地衬托出来,而不受或少受其他环境因素的影响。但是升高的主景,在色彩上和明暗上,一般和明朗的蓝天取得对比。如颐和园的佛香阁、北海的白塔、南京中山陵的中山灵宝、广州越秀公园的五羊雕塑等,都运用主体升高的手法来强调主景。

(2)运用轴线和风景视线的焦点

轴线是园林风景或建筑群发展、延伸的主要方向,一般常把主景布置在中轴线的终点。此外,主景常布置在园林纵横轴线的相交点,或放在轴线的焦点或风景透视线的焦点上。

(3)对比与调和

对比是突出主景的重要技法之一。园林中,作为配景的局部,对主景要起对比作用。配景对于主景在线条、体形、体量、色彩、明暗、动势、性格、空间的开朗与封闭,布局的规则与自然,都可以用对比的手法来强调主景。

首先应该从规划上来考虑,如主要局部与次要局部的对比关系。其次考虑局部设计的配体与主体的对比关系。如昆明湖开朗的湖面为颐和园水景中的主景,有了闭锁的苏州河及谐趣园水景作为对比,就显得格外开阔。

在局部设计上,白色的大理石雕像应以暗绿色的常绿树为背景;暗绿色的青铜像则应以明朗的蓝天为背景;秋天的红枫应以青绿色的油松为背景;春天红色的花坛应以绿色的草地为背景。

单纯运用对比,能强调和突出主景,但是突出主景仅是构图的一方面的要求,构图尚有另一方面的要求,即配景和主景的调和与统一。因此,对比与调和常互相渗透、综合运用,使配景与主景达到对立统一的最好效果。

(4)动势向心

一般四面环抱的空间,如水面、广场、庭院等,其周围次要的景物往往具有动势,趋向于视线集中的焦点上,主景最宜布置在这个焦点上。为了不使构图呆板,主景不一定正对空间的几何中心,而是偏于一侧。如西湖四周景物,由于视线易达湖中,形成沿湖风景的向心动势。因此,西湖中的孤山便成了"众望所归"的焦点,格外突出。

（5）渐变

在色彩中，色彩由不饱和的浅级到饱和的深级，或由饱和的深级到不饱和的浅级，由暗色调到明色调，或由明色调到暗色调所引起的艺术上的感染，称为渐变感。

园林景物，由配景到主景，在艺术处理上，级级提高，步步引人入胜，也是渐变的处理手法。

（6）空间构图的重心

为了强调和突出主景，常常把主景布置在整个构图的重心处来突出主景。规则式园林构图中，主景常居于构图的几何中心，如天安门广场中央的人民英雄纪念碑，居于天安门广场的几何中心，突出了其主体地位。自然式园林构图，主景常布置在构图的自然重心上，如中国传统的假山。但主峰切忌居中，即主峰不设在构图的几何中心，而有所偏，但必须布置在自然空间的重心上，并且四周景物要与其配合。

（7）抑扬

中国园林艺术的传统，反对一览无余的景色，主张"山重水复疑无路，柳暗花明又一村"的先藏后露的构图。中国园林的主要构图和高潮，并不是一进园就展现在眼前，而是采用欲"扬"先"抑"的手法，来提高主景的艺术效果。

综上所述，主景是强调的对象，为了达到目的，一般在体量、形状、色彩、质地及位置上都被突出。为了对比，一般都用以小衬大、以低衬高的手法突出主景。但有时主景也不一定体量很大、很高，在特殊条件下低在高处，小在大处也能取胜，成为主景，如西湖孤山的"西湖天下景"，就是低在高处的主景。

2. 景的层次

景就距离远近、空间层次而言，有前景、中景、背景之分（也叫近景、中景与远景）。一般前景、背景都是为了突出中景的。这样的景，富有层次的感染力，给人以丰富而无单调的感觉。

在种植设计中，也有前景、中景和背景的组织问题，如以常绿的圆柏（或龙柏）丛作为背景，衬托以五角枫、海棠花等形成的中景，再以月季引导作为前景，即可组成一个完整统一的景观。如桂林盆景园庭园，以乔、灌木和花卉构成有上下层次和远近层次的草坪空间。

有时因不同的造景要求，前景、中景、背景不一定全部具备。如在纪念性园林中，需要主景气势宏伟，空间广阔豪放，以低矮的前景、简洁的背景烘托即可。另外，在一些大型建筑物的前面，为了突出建筑物，使视线不被遮挡，只做一些低于视平线的水池、花坛、草地作为前景，而背景借助于蓝天、白云。

3. 借景

有意识地把园外的景物"借"到园内可透视、感受的范围中来，称为借景。借景是中国园林艺术的传统手法。一座园林的面积和空间是有限的，为了扩大景物的深度和广度，组织游赏的内容，除运用多样统一、迂回曲折等造园手法外，造园者还常常运用借景的手法，收无限于有限之中。

（1）借景的内容

1）借形组景

它主要采用对景、框景、渗透等构图手法把有一定景观价值的远、近建筑物以及山、石、花木等自然景物纳入画面。

2）借声组景

自然界中的声音多种多样,园林中所需要的是能激发感情、怡情养性的声音。在我国园林中,远借寺庙的暮鼓晨钟,近借溪谷泉声、林中鸟语,秋借雨打芭蕉,春借柳岸莺啼,凡此均可为园林空间增添几分诗情画意。

3）借色组景

借月色组景在园林中十分受到重视。如杭州西湖的"三潭印月"、"平湖秋月",避暑山庄的"月色江声"、"梨花伴月"等,都以借月色组景而得名。皓月当空是赏景的最佳时刻。

除月色外,天空中的云霞也是极富色彩和变化的自然景色,云霞在许多名园佳景中起很大作用。如在武夷山风景区游览的最佳时刻莫过于"翠云飞送雨",在雨中或雨后远眺"仙游",满山云雾萦绕,飞瀑天降,亭、阁隐现,顿添仙居神秘气氛,画面很为动人。

植物的色彩也是组景的重要因素,如白色的树干、红色的树叶、黑色的果实等。

4）借香组景

在造园中如何运用植物散发出来的幽香以增添游园的兴致是园林设计中一项不可忽视的因素。广州兰圃以兰花著称,每当微风轻拂,兰香馥郁,为园中增添了几分雅韵。

（2）借景的方法

1）远借

远借是把园林远处的景物组织进来,所借物可以是山、水、树木、建筑等。如北京颐和园远借两山及玉泉山之塔,避暑山庄借僧帽山、罄锤峰,无锡寄畅园借惠山,济南大明湖借千佛山等。

2）邻借（近借）

邻借是把园子邻近的景色组织进来。周围环境是邻借的依据,周围景物只要是能够利用成景的都可以利用,不论是亭、阁、山、水,还是花木、塔、庙均可。如苏州沧浪亭就是很好的一例,沧浪亭园内缺水,而临园有河,则沿河做假山、驳岸和复廊,不设封闭围墙,从园内透过漏窗可领略园外河中景色,园外隔河透过漏窗也可望园内,园内、园外融为一体。再如邻家有一枝红杏或一株绿柳、一个小山亭,亦可对景观赏或设漏窗借取,如"一枝红杏出墙来"、"杨柳宜作两家春"、"宜两亭"等布局手法。

3）仰借

仰借是利用仰视借取园外景观,以借高景物为主。如古塔、高层建筑、山峰、大树,也包括碧空白云、明月繁星、翔空飞鸟等。如北京的北海借景山,南京玄武湖借鸡鸣寺均属仰借。仰借视觉较疲劳,观赏点应设亭台、座椅。

4）俯借

俯借是指利用居高临下俯视观赏园外景物。如登高四望,四周景物尽收眼底,就是俯借。所借景物甚多,如江湖原野、湖光倒影等。

5）应时而借

利用一年四季、一日之时,由大自然的变化和景物的配合而成。对一日来说,日出朝霞、晓星夜月;对一年四季来说,春光明媚、夏日原野、秋天丽日、冬日冰雪。就是植物也随季节转换,如春天的百花争艳,夏天的浓荫覆盖,秋天的层林尽染,冬天的树木姿态,这些都是应时而借的意境素材。许多名景都是以应时而借为名的,如"苏堤春晓"、"曲院风荷"、"平湖秋月"、"断桥残雪"等。

4. 对景与分景

为了满足不同性质的园林绿地的功能要求,达到各种不同景观的欣赏效果,创造不同的景观气氛,园林中常利用各种景观材料来进行空间组织,并在各种空间之间创造相互呼应的景观。对景和分景就是两种常用的手法。

（1）对景

凡位于园林绿地轴线及风景透视线端点的景叫对景。景可以正对,也可以互对。位于轴线一端的景叫正对景。正对可达到雄伟、庄严、气魄宏大的效果。正对景在规则式园林中常成为轴线上的主景。如北京景山万春亭是天安门—故宫—景山轴线的端点,成为主景。在轴线或风景视线两端点都有景则称互对景。互对很适于静态观赏,互为对景不一定有严格的轴线,可以正对,也可以有所偏离。如颐和园佛香阁建筑与昆明湖中龙王庙岛上涵虚堂即是互对景。

（2）分景

我国园林多含蓄有致,忌"一览无余",所谓"景愈藏,意境愈大;景愈露,意境愈小"。为此目的,中国园林多采用分景的手法分割空间,使之园中有园、景中有景、湖中有湖、岛中有岛;园景虚虚实实,实中有虚、虚中有实,半虚半实;空间变化多样,丰富多彩。

分景按其划分空间的作用和艺术效果,可分为障景和隔景。

1）障景（抑景）

在园林绿地中凡是抑制视线,引导空间的屏障景物叫障景。障景一般采用突然逼进的手法,视线较快受到抑制,有"山重水复疑无路"的感觉,于是必须改变空间引导方向,而后逐渐展开园景,达到豁然开朗的"柳暗花明又一村"的境界,即所谓"欲扬先抑,欲露先藏"的手法。如拙政园中部入口处为一小门,进门后迎面一组奇峰怪石,绕过假山石,或从假山的山涧中出来,方是一泓池水,远香堂、雪香云蔚亭等历历在目。障景还能隐藏不美观和不求暴露的局部,而本身又成一景。

障景务求高于视线,否则无障可言。障景常应用山、石、植物、建筑（构筑物）等,多数用于入口处,或自然式园路的交叉处,或河湖转弯处,使游人在不经意间视线被阻挡。

2）隔景

凡将园林绿地分隔为不同空间、不同景区的手法称为隔景。隔景可以避免各景区的互相干扰,增加园景构图变化,隔断部分视线及游览路线,使空间"小中见大"。隔景的方法和题材很多,如山岗、树丛、植篱、粉墙、漏墙、复廊等。

隔景的方法有实隔、虚隔、虚实相隔。实隔是通过游人视线基本上不能从一个空间透入另一个空间。以建筑、实墙、山石、密林分割形成实隔。虚隔是游人视线可以从一个空间透入另一个空间。以水面、疏林、道、廊、花架相隔,形成虚隔。虚实相隔是游人视线有断有续地从一个空间透入另一个空间。以堤、岛、桥相隔或实墙开漏窗相隔,形成虚实相隔。

5. 框景、夹景、漏景、添景

园林绿地在景观的前景处理上,还有框景、夹景、漏景和添景等。

（1）框景

凡利用门框、窗框、树框、山洞等有选择地摄取另一空间的优美景色,恰似一幅嵌于境框中的立体风景画的造景方法称为框景。《园冶》中谓:"借以粉壁为纸,以石为绘也,理者相石皴纹,仿古人笔意,植黄山松柏、古梅、美竹,收之圆窗,宛然镜游也。"李渔于自己室内创设的"尺幅窗"(又名"无心画")也即框景。

扬州瘦西湖的吹台,即是这种手法。框景的作用在于把园林绿地的自然美、绘画美与建筑美高度统一、高度提炼,最大限度地发挥自然美的多种效应。由于有简洁的景框为前景,可使视线集中于画面的主景上,同时框景讲求构图和景深处理,又是生气勃勃的天然画面,从而给人以强烈的艺术感染力。

框景必须设计好入框的对景。如先有景而后开窗,则窗的位置应朝向最美的景物;如先有窗而后造景,则应在窗的对景处设置,窗外无景时,则以"景窗"代之。观赏点与景框的距离应保持在景直径2倍以上,视点最好在景框中心。

（2）夹景

为了突出优美的景色,常将左右两侧贫乏景观之处以树丛、树列、土山或建筑物等加以屏障,形成左右较封闭的狭长空间,这种左右两侧的景观叫夹景。夹景是运用透视线、轴线突出对景的方法之一,还可以起到障丑显美的作用,增加园景的深远感,同时也是引导游人注意的有效方法。

（3）漏景

漏景由框景发展而来,框景景色全现,漏景景色则若隐若现,有"犹抱琵琶半遮面"的感觉,含蓄雅致,是空间渗透的一种主要方法。漏景不仅限于漏窗看景,还有漏花墙、漏屏风等。除建筑装修构件外,疏林树干也是好材料,但植物不宜色彩华丽,树干宜空透阴暗,排列宜与景并列,所对景物则要色彩鲜艳,亮度较大为宜。

（4）添景

当风景点与远方对景之间没有其他中景、近景过渡时,为求对景有丰富的层次感,加强远景"景深"的感染力,常做添景处理。添景可用建筑的一角或树木花卉等。用树木做添景时,树木体型宜高大,姿态宜优美。如在湖边看远景,常有几丝垂柳枝条作为近景的装饰就很生动。

6. 景题

我国园林善于抓住每一景观特点,根据它的性质、用途,结合空间环境的景象和历史高度概括,常做出形象化、诗意浓、意境深的园林题咏。其形式多样,有匾额、对联、石碑、石刻等。

题咏的对象更是丰富多彩,无论是景象、亭台楼阁、一门一桥、一山一水,还是名木古树都可以给以题名、题咏,如万寿山、知春亭、爱晚亭、南天一柱、迎客松、兰亭、花港观鱼、纵览云飞、碑林等。它不但丰富了景的欣赏内容,增加了诗情画意,点出了景的主题,给人以艺术联想,还有宣传装饰和导游的作用。各种园林题咏的内容和形式是造景不可分割的组成部分,人们把创作设计园林题咏称为点景手法,它是诗词、书法、雕刻、建筑艺术等的高度综合。

2.4.2　园林规划设计的一般程序

园林的设计程序主要包括以下几个步骤。

1.园林设计的前提工作

（1）掌握自然条件、环境状况及历史沿革

①甲方对设计任务的要求及历史状况。

②城市绿地总体规划与公园的关系，以及对公园设计上的要求，城市绿地总体规划图，比例尺为 1:5 000 ~ 1:10 000。

③公园周围的环境关系，环境的特点，未来发展情况。如周围有无名胜古迹、人文资源等。

④公园周围城市景观。建筑形式、体量、色彩等与周围市政的交通联系，人流集散方向，周围居民的类型与社会结构，如属于厂矿区、文教区或商业区等的情况。

⑤该地段的能源情况。电源、水源以及排污、排水，周围是否有污染源，如有毒有害的厂矿企业、传染病医院等情况。

⑥规划用地的水文、地质、地形、气象等方面的资料。了解地下水位，年与月降水量，年最高最低温度及其分布时间，年最高最低湿度及其分布时间，年季风风向、最大风力、风速以及冰冻线深度等。重要或大型园林建筑规划位置尤其需要地质勘察资料。

⑦植物状况。了解和掌握地区内原有的植物种类、生态、群落组成，还有树木的年龄、观赏特点等。

⑧建园所需主要材料的来源与施工情况，如苗木、山石、建材等情况。

⑨甲方要求的园林设计标准及投资额度。

（2）图纸资料

除上述要求具备城市总体规划图外，还要求甲方提供以下图纸资料。

1）地形图

根据面积大小，提供 1:2 000、1:1 000、1:500 园址范围内总平面地形图。图纸应明确显示以下内容：设计范围（红线范围、坐标数字）；园址范围内的地形、标高及现状物（现有建筑物、构筑物、山体、水系、植物、道路、水井，还有水系的进、出口与电源等）的位置；现状物中，要求保留利用、改造和拆迁等情况要分别注明；四周环境情况，如与市政交通联系的主要道路名称、宽度、标高点数字以及走向和道路、排水方向，周围机关、单位、居住区的名称、范围，以及今后发展状况。

2）局部放大图

1:200 图纸主要提供为局部详细设计用。该图纸要满足建筑单位设计及其周围山体、水系、植被、园林小品及园路的详细布局。

3）要保留使用的主要建筑物的平、立面图

平面位置注明室内、外标高；立面图要标明建筑物的尺寸、颜色等内容。

4）现状树木分布位置图（1:200、1:500）

主要标明要保留树木的位置，并注明品种、胸径、生长状况和观赏价值等。有较高观赏价值的树木最好附以彩色照片。

5）地下管线图（1:500、1:200）

一般要求与施工图比例相同。图内应包括要保留的上水、雨水、污水、化粪池、电信、电力、煤气、热力等管线位置及井位等。除平面图外,还要有剖面图,并需要注明管径的大小、管底或管顶标高、压力、坡度等。

（3）现场踏查

无论面积大小,设计项目的难易,设计者都必须认真到现场进行踏查。一方面,核对、补充所收集的图纸资料。如现状的建筑、树木等情况,水文、地质、地形等自然条件。另一方面,设计者到现场,可以根据周围环境条件,进入艺术构思阶段。"佳者收之,俗者屏之"。

发现可利用、可借景的景物和不利或影响景观的物体,在规划过程中分别加以适当处理。根据情况,如面积较大,情况较复杂,在必要的时候,踏查工作要进行多次。

现场踏查的同时,拍摄一定的环境现状照片,以供进行总体设计时参考。

（4）编制总体设计任务文件

设计者将所收集到的资料,经过分析、研究,定出总体设计原则和目标,编制出进行公园设计的要求和说明。主要包括以下内容:

①公园在城市绿地系统中的关系。

②公园所处地段的特征及四周环境。

③公园的面积和游人容量。

④公园总体设计的艺术特色和风格要求。

⑤公园地形设计,包括山体水系等要求。

⑥公园的分期建设实施的程序。

⑦公园建设的投资匡算。

2. 总体设计方案阶段

在明确了公园在城市绿地系统中的关系,确定了公园总体设计的原则与目标以后,着手进行以下设计工作。

（1）主要设计图纸内容

1）位置图

位置图属于示意性图纸,表示该公园在城市区域内的位置,要求简洁明了。

2）现状图

根据已掌握的全部资料,经分析、整理、归纳后,分成若干空间,对现状作综合评述。可用圆形圈或抽象图形将其概括地表示出来。例如:经过对四周道路的分析,根据主、次城市干道的情况,确定出入口的大体位置和范围。同时,在现状图上,可分析公园设计中的有利和不利因素,以便为功能分区提供参考依据。

3）分区图

根据总体设计的原则、现状图,分析不同年龄段游人活动规律及不同兴趣爱好游人的需要,确定不同的分区,划出不同的空间,使不同空间和区域满足不同的功能要求,并使功能与形式尽可能统一。另外,分区图可以反映不同空间、分区之间的关系。该图属于示意说明性质,可以用抽象图形或圆圈等图案予以表示。

4）总体设计方案图

根据总体设计原则、目标，总体设计方案图应包括以下诸方面内容：第一，公园与周围环境的关系。如公园主要、次要、专用出入口与市政的关系，即面临街道的名称、宽度；周围主要单位名称，或居民区等；公园与周围园界是围墙还是透空栏杆等。第二，公园主要、次要、专用出入口的位置、面积、规划形式，主要出入口的内、外广场，停车场、大门等布局。第三，公园的地形总体规划、道路系统规划。第四，全园建筑物、构筑物等布局情况，建筑平面要能反映总体设计意图。第五，全园植物设计图。图上反映密林、疏林、树丛、草坪、花坛、专类花园、盆景园等植物景观。此外，总体设计图应准确标明指北针、比例尺、图例等内容。

总体设计图，面积在 100 hm^2 以上，比例尺多采用 1∶2 000～1∶5 000；面积在 10～50 hm^2，比例尺用 1∶1 000；面积在 8 hm^2 以下，比例尺可用 1∶500。

5）地形设计图

地形是全园的骨架，要求能反映出公园的地形结构。以自然山水园而论，要求表达山体、水系的内在有机联系。根据分区需要进行空间组织；根据造景需要，确定山地的形体、制高点、山峰、山脉、山脊走向、丘陵起伏、缓坡、微地形以及坞、岗、岘、岬、岫等陆地造型。同时，地形还要表示出湖、池、潭、港、湾、涧、溪、滩、沟、渚以及堤、岛等造型，并要标明湖面的最高水位、常水位、最低水位。此外，图上标明入水口、排水口的位置（包括总排水方向、水源及雨水聚散地）等。也要确定主要园林建筑所在地的地坪标高、桥面标高、广场高程，以及道路变坡点标高。还必须标明公园周围市政设施、马路、人行道以及与公园邻近单位的地坪标高，以便确定公园与四周环境之间的排水关系。

6）道路总体设计图

首先，在图上确定公园的主要出入口、次要出入口与专用出入口，还有主要广场的位置及主要环路的位置，以及作为消防的通道。同时确定主干道、次干道等的位置以及各种路面的宽度、排水纵坡，并初步确定主要道路的路面材料、铺装形式等。图纸上用虚线画出等高线，再用不同的粗线、细线表示不同级别的道路及广场，并注明主要道路的控制标高。

7）种植设计图

根据总体设计图的布局、设计的原则，以及苗木的情况，确定全园的总构思。种植总体设计内容主要包括不同种植类型的安排，如密林、草坪、疏林、树群、树丛、孤立树、花坛、花境、园界树、园路树、湖岸树、园林种植小品等内容。还有以植物造景为主的专类园，如月季园、牡丹园、香花园、观叶观花园中园、盆景园、观赏或生产温室、爬蔓植物观赏园、水景园，公园内的花圃、小型苗圃等。同时，确定全园的基调树种、骨干造景树种，包括常绿、落叶的乔木、灌木、花草等。

种植设计图上，乔木树冠以中、壮年树冠的冠幅，一般以 5～6 m 树冠为制图标准，灌木、花草以相应尺度来表示。

8）管线总体设计图

根据总体规划要求，确定全园的上水水源的引进方式、水的总用量（消防、生活、造景、喷灌、浇灌、卫生等）和管网的大致分布、管径大小、水压高低，以及雨水和污水的水量、排放方式、管网大体分布、管径大小与水的去处等。大规模的工程，建筑量大。北方冬天需要供暖，则要考虑供暖方式、负荷多少及锅炉房的位置等。

9）电气规划图

利用电气规划图可确定总用电量、用电利用系数、分区供电设施、配电方式、电缆的敷设以及各区各点的照明方式及广播、通信等的位置。

10）园林建筑布局图

要求在平面上反映全园总体设计中建筑在全园的布局，主要、次要、专用出入口的售票房、管理处、造景等各类园林建筑的平面造型；大型主体建筑，如展览性、娱乐性、服务性等建筑平面位置及周围关系；还有游览性园林建筑，如亭、台、楼、阁、榭、桥、塔等类型建筑的平面安排。除平面布局外，还应画出主要建筑物的平面、立面图。

总体设计方案阶段，还要争取做到多方案的比较。

（2）鸟瞰图

设计者为更直观地表达公园设计的意图，更直观地表现公园设计中各景点、景物以及景区的景观形象，通过钢笔画、铅笔画、钢笔淡彩、水彩画、水粉画、中国画或其他绘画形式表现，都有较好效果。鸟瞰图制作要点如下：

①无论采用一点透视、二点透视或多点透视，轴测画都要求鸟瞰图在尺度、比例上尽可能准确地反映景物的形象。

②鸟瞰图除表现公园本身，又要画出周围环境，如公园周围的道路交通等市政关系，公园周围城市景观，公园周围的山体、水系等。

③鸟瞰图应注意"近大远小、近清楚远模糊、近写实远写意"的透视法原则，以达到鸟瞰图的空间感、层次感、真实感。

④一般情况下，除了大型公共建筑，城市公园内的园林建筑和树木比较，树木不宜太小。而以 15～20 年树龄的高度为画图的依据。

（3）总体设计说明书

总体设计方案除图纸外，还要求一份文字说明，全面地介绍设计者的构思、设计要点等内容，具体包括以下几个方面：

①位置、现状、面积。

②工程性质、设计原则。

③功能分区。

④设计主要内容（山体地形、空间围合，湖池、堤岛水系网络，出入口、道路系统、建筑布局，种植规划，园林小品等）。

⑤管线、电气规划说明。

⑥管理机构。

（4）工程总匡算

在规划方案阶段，可按面积，根据设计内容、工程复杂程度，结合常规经验匡算，或按工程项目、工程量分项估算再汇总。

3. 局部详细设计阶段

在上述总体设计阶段，有时甲方要求进行多方案的比较或征集方案投标。经甲方、有关部门审定、认可并对方案提出新的意见和要求,有时总体设计方案还要做进一步的修改和补充。在总体设计方案最后确定以后,接着就要进行局部详细设计工作。

局部详细设计工作主要内容如下。

(1)平面图

首先,根据公园或工程的不同分区,划分若干局部,每个局部根据总体设计的要求,进行局部详细设计。一般比例尺为 1∶500,等高线距离为 0.5 m,用不同等级粗细的线条,画出等高线、园路、广场、建筑、水池、湖面、驳岸、树林、草地、灌木丛、花坛、花卉、山石、雕塑等。

详细设计平面图要求标明建筑平面、标高及与周围环境的关系;道路的宽度、形式、标高;主要广场、地坪的形式、标高;花坛、水池面积大小和标高;驳岸的形式、宽度、标高。

同时在平面上标明雕塑、园林小品的造型。

(2)横纵剖面图

为更好地表达设计意图,在局部艺术布局最重要部分,或局部地形变化部分,作出断面图,一般比例尺为 1∶200～1∶500。

(3)局部种植设计图

在总体设计方案确定后,着手进行局部景区、景点的详细设计的同时,要进行 1∶500 的种植设计工作。一般 1∶500 比例尺的图纸上,能较准确地反映乔木的种植点、栽植数量、树种。树种主要包括密林、疏林、树群、树丛、园路树、湖岸树的位置。其他种植类型,如花坛、花境、水生植物、灌木丛、草坪等的种植设计图可选用 1∶300 比例尺,或 1∶200 比例尺。

4.施工设计阶段

在完成局部详细设计的基础上,才能着手进行施工设计。

(1)施工设计图纸一般要求

1)图纸规范

图纸要符合国家《建筑制图统一标准》(GB 50104—2010)的规定。图纸尺寸如下:0号图 841 mm×1 189 mm,1 号图 594 mm×841 mm,2 号图 420 mm×592 mm,3 号图 297 mm×420 mm,4 号图 297 mm×210 mm。4 号图不得加长,如果要加长图纸,只允许加长图纸的长边。在特殊情况下,允许加长 1～3 号图纸的长度、宽度。0 零号图纸只能加长长边,加长部分的尺寸应为边长的 1/8 及其倍数。

2)施工设计平面的坐标网及基点、基线

一般图纸均应明确画出设计项目范围,画出坐标网及基点、基线的位置,以便作为施工放线之依据。基点、基线的确定应以地形图上的坐标线或现状图上工地的坐标据点,或现状建筑屋角、墙面,或构筑物、道路等为依据,必须纵横垂直,一般坐标网依图面大小每 10 m 或 20 m、50 m 的距离,从基点、基线向上、下、左、右延伸,形成坐标网,并标明纵横坐标的字母,一般用 A、B、C、D、…和对应的 A'、B'、C'、D'、…英文字母和阿拉伯数字 1、2、3、4、…和对应的 1′、2′、3′、4′、…,从基点 O、O' 坐标点开始,以确定每个方格网交点的纵横数字所确定的坐标,作为施工放线的依据。

3）施工图纸要求内容

图纸要注明图头、图例、指北针、比例尺、标题栏及简要的图纸设计内容的说明。图纸要求字迹清楚、整齐，不得潦草。图面清晰、整洁，图线要求分清粗实线、中实线、细实线、点划线、折断线等线型，并准确表达对象。

（2）施工放线总图

施工放线总图主要标明各设计因素之间具体的平面关系和准确位置。

图纸内容包括：保留利用的建筑物、构筑物、树木、地下管线等；设计的地形等高线、标高点、水体、驳岸、山石、建筑物、构筑物、道路、广场、桥梁、涵洞、树种设计的种植点、园灯、园椅、雕塑等全园设计内容。

（3）地形设计总图

地形设计总图主要应确定制高点、山峰、台地、丘陵、缓坡、平地、微地形、丘阜、坞、岛及湖、池、溪流等岸边、池底等的具体高程，以及入水口、出水口的标高。此外，应确定各区的排水方向、雨水汇集点及各景区园林建筑、广场的具体高程。一般草地最小坡度为1%，最大不得超过33%，最适坡度在1.5%～10%，人工剪草机修剪的草坪坡度不应大于25%。一般绿地缓坡坡度在8%～12%。

地形设计平面图还应包括地形改造过程中的填方、挖方内容。在图纸上应写出全园的挖方、填方数量，说明应进园土方或运出土方的数量及挖、填土之间土方调配的运送方向和数量。一般力求全园挖、填土方取得平衡。

除了平面图，还要求画出剖面图。要注明主要部位山形、丘陵、坡地的轮廓线及高度、平面距离等，还要注明剖面的起讫点、编号，以便与平面图配套。

（4）水系设计

除了陆地上的地形设计，水系设计也是十分重要的组成部分。平面图应表明水体的平面位置、形状、大小、类型、深浅以及工程设计要求。

首先，应完成进水口、溢水口或泄水口的大样图。然后，从全园的总体设计对水系的要求考虑，画出主、次湖面，堤、岛、驳岸造型，溪流、泉水等及水体附属物的平面位置，以及水池循环管道的平面图。

纵剖面图要表示出水体驳岸、池底、山石、汀步、堤、岛等工程的做法。

（5）道路、广场设计

平面图要根据道路系统的总体设计，在施工总图的基础上，画出各种道路、广场、地坪、台阶、盘山道、山路、汀步、道桥等的位置，并注明每段的高程、纵坡、横坡的数字。一般园路分主路、支路和小路3级。园路最小宽度为0.9 m，主路一般为5 m，支路为2～3.5 m。国际康复协会规定，残疾人使用的坡道最大纵坡为8.33%，所以主路纵度上限为8%。山地公园主路纵坡应小于12%。据日本资料，支路和小路最大纵坡为15%，郊游路为33.3%。综合各种要求，《公园设计规范》（CJJ 48—92）规定，支路和小路纵坡宜小于18%，超过18%的纵坡，宜设台阶、梯道。并且规定，通行机动车的园路宽度应大于4 m，转弯半径不得小于12 m。一般室外台阶比较舒适高度为12 cm，宽度为30 cm，纵坡为40%。长期的园林设计实践表明：一般混凝土路面纵坡在0.3%～5%、横坡在1.5%～2.5%，园石或拳石路面纵坡在0.5%～9%、横坡在3%～4%，天然土路纵坡在0.5%～8%、横坡在3%～4%。

除了平面图,还要求用1:20的比例绘出剖面图,主要表示各种路面、山路、台阶的宽度及其材料、道路的结构层(面层、垫层、基层等)厚度做法。注意每个剖面都要编号,并与平面配套。

（6）园林建筑设计

园林建筑设计包括建筑的平面设计(反映建筑的平面位置、朝向、与周围环境的关系)、建筑底层平面设计、建筑各方向的剖面设计、屋顶平面设计,必要的大样图、建筑结构图等。

（7）植物配置

种植设计图上应表现树木花草的种植位置和品种、种植类型、种植距离,以及水生植物等内容。应画出常绿乔木、落叶乔木、常绿灌木、开花灌木、绿篱、花篱、草地、花卉等具体的位置、品种、数量、种植方式等。

植物配置图的比例尺,一般采用1:500、1:300、1:200,根据具体情况而定。大样图可用1:100的比例尺,以便准确地表示出重点景点的设计内容。

（8）假山及园林小品

假山及园林小品,如园林雕塑等也是园林造景中的重要因素。一般最好做成山石施工模型或雕塑小样,便于施工过程中,能较理想地体现设计意图。在园林设计中,主要提出设计意图、高度、体量、造型构思、色彩等内容,以便于与其他行业相配合。

（9）管线及电气设计

在管线规划图的基础上,表现出上水(造景、绿化、生活、卫生、消防)、下水(雨水、污水)、暖气、煤气等,应按市政设计部门的具体规定和要求正规出图。主要注明每段管线的长度、管径、高程及接头情况,同时注明管线及各种井的具体的位置、坐标。

同样,在电气规划图上具体标明各种电气设备、(绿化)灯具位置、变电室及电缆走向位置等。

5. 设计概算

土建部分:可按项目估价,算出汇总价;或按市政工程预算定额中,园林附属工程定额计算。

绿化部分:可按基本建设材料预算价格中苗木单价表及建筑安装工程预算定额的园林绿化工程定额计算。

复习思考题

1. 园林规划设计的依据是什么?

2. 园林规划设计必须遵循什么原则?

3. 园林规划设计的基本原理有哪些?

4. 园林规划设计的方法有哪些?

5. 园林规划设计的一般程序是什么?

第 3 章　城市道路交通和高速公路
绿地规划设计

优美的城市环境,宜人的道路绿化是人们对一个地区、一个城市第一印象的重要组成部分。道路绿化是城市景观的框架,是人工艺术环境和自然生态环境相结合的再创造,它体现了姿态美、意境美,蕴含着文化和艺术的融合与升华,使人感到亲切、舒适,具有生命力,是衡量现代化城市精神文明水平的重要标志。近年来,随着城市现代化和城市道路建设的突飞猛进,我国城市绿化适应新的功能要求,在不断创新中发展提高,出现了层次丰富、景观多样、行车通畅、行人舒适的现代化城市道路,形成了多行密植、落叶树与常绿树相结合、绿化与美化相结合的城市道路绿化景观。

3.1　城市道路交通绿地规划设计

3.1.1　城市道路交通绿地的定义和作用

1.城市道路交通绿地的定义

城市道路交通绿地(简称城市道路绿地)主要指城市街道绿地、游憩林荫路、街道小游园、交通广场、步行街以及穿过市区的公路、铁路、快速干道的防护绿地等,它以"线"的形式广泛地分布于全城,联系着城市中分散的"点"和"面"的绿地,组成完整的城市园林绿地系统。其不仅给城市居民创造安全、愉快、优美和卫生的生活环境,而且在改善城市气候、保护环境卫生、丰富城市艺术面貌、组织城市交通等方面都有着积极意义。城市道路绿地是道路及广场用地范围内的可进行绿化的用地,是城市绿地系统的重要组成部分,在城市绿化覆盖率中占较大的比例。

2.城市道路绿地的作用

随着城市规模的扩大、人口的密集、人工设施的充斥、机动车辆的增长、自然环境的污染等对环境的人为改变,原有区域的碳氧平衡、水平衡、热平衡等因素随之改变。平衡被破坏后,对人类生存和发展产生的负面影响越来越凸显出来。随着科学的进步,人们逐步认识到,在接受大自然赠予的同时,必须保护好我们赖以生存的自然环境。在城市中,特别是车辆出现频率高的街道,环境污染较严重,大量种树、栽花、种草,则能起到人为强化自然体系的作用,利用绿色植物吸收二氧化碳、放出氧气,吸收有害物质,减轻空气污染,还能除尘、杀菌、降温、增湿、减弱噪声、防风固沙等。

城市道路绿地的主要作用如下。

(1)卫生防护作用

①机动车是城市废气、尘土等的主要流动污染源,随着工业化程度的提高,机动车辆增多,城市污染现象日趋严重。而道路绿地线长、面广,对道路上机动车辆排放的有毒气

体有吸收作用,可净化空气、减少灰尘。据测定,在绿化良好的道路上,距地面 1.5 m 处的空气含尘量比没有绿化的地段低 56.7%。

②城市环境噪声的 70% ~80% 来自城市交通,有的街道噪声达到 100 dB,而 70 dB 对人体就十分有害了,具有一定宽度的绿化带可以明显减小噪声 5~8 dB。

③道路绿化可以调节道路附近的温度、湿度,改善小气候,可以减低风速、降低日光辐射热,还可以降低路面温度,延长道路使用寿命。

(2)组织交通,保证安全

在道路中间设置绿化分隔带可以减少对向车流之间的互相干扰;在机动车和非机动车之间设置绿化分隔带则有利于解决快车、慢车混合行驶的矛盾;植物的绿色在视野上给人以柔和而安静的感觉,在交叉口布置交通岛,常用树木作为诱导视线的标志,还可以有效地解决交通拥挤与堵塞问题;在车行道和人行道之间建立绿化带,可避免行人横穿马路,保证行人安全,且给行人提供优美的散步环境,也有利于提高车速和通行能力,利于交通。

(3)美化市容市貌

道路绿化可以美化街景,烘托城市建筑艺术,软化建筑的硬线条,同时还可以利用植物遮蔽影响市容的地段和建筑,使城市面貌显得更加整洁生动、活泼可爱(见图 3-1)。一个城市如果没有道路绿化,即使它的沿街建筑艺术水平再高、布局再合理,也会显得寨然无味。相反,在一条普通的街道上如果绿化很有特色,则这条街道就会被人铭记。在不同街道采用不同的树种,由于各种植物的体形、姿态、色彩等差别,可以形成不同的景观。

图 3-1　杭州道路绿化

很多世界著名的城市,其优美的街道绿化给人留下了深刻的印象。如法国巴黎的七叶树,使街道更加庄严美丽;德国柏林的椴树林荫大道,因欧洲椴树而得名;澳大利亚首都堪培拉处处是草地、花卉和绿树,被人们誉为“花园城”。

我国有很多城市的道路也很有特色,如郑州、南京用悬铃木作行道树,显得市内浓荫凉爽;江西南昌用樟树作行道树,四季常青,郁郁葱葱;湛江、新会的蒲葵行道树给人们留下了南国风光的印象;长春的小青杨行道树在早春就能把城市点缀得一片嫩绿。

（4）提供休闲场所

城市道路绿化除行道树和各种绿化带外，还有面积大小不同的街道绿地、城市广场绿地、公共建筑前的绿地。这些绿地内经常设有园路、广场、坐凳、宣传廊、小型休息建筑等设施，有些绿地内还设有儿童游乐场，成为市民休闲的好场所。市民可以在此锻炼身体、散步、休息、看书、陪儿童玩耍、聊天等。这些绿地与大公园不同，距居住区较近，所以利用率很高。

在公园分布较少的地区或在没有庭院绿地的楼房附近，以及人口居住密度很大的地区，都应发展街头绿地、广场绿地、公共建筑前的绿地或者发展林荫路、滨河路，以弥补城市公园的不足或分布的不均衡。

（5）生产作用

道路绿化在满足各种功能要求的同时，还可以结合生产创造一些物质财富，可提供油料、果品、药材等经济价值很高的副产品，如七叶树、银杏、连翘等剪下来的树枝，可供薪材之用。

（6）防灾、战备作用

道路绿化为防灾、战备提供了条件。它可以伪装、掩蔽，在地震时搭棚，洪灾时用作救命草，战时可砍树搭桥等。

3.1.2　城市道路绿地的分类和断面布置形式

1. 城市道路绿地的分类

城市道路绿地可以分为道路绿带、交通岛绿地、广场绿地和停车场绿地（见表 3-1）。其中，道路绿带又可以分为分车绿带、行道树绿带和路侧绿带；分车绿带包括中间分车绿带和两侧分车绿带。交通岛绿地可以分为中心岛绿地、导向岛绿地和立体交叉绿岛绿地。

表 3-1　城市道路绿地分类

城市道路绿地		
道路绿带	分车绿带	中间分车绿带
		两侧分车绿带
	行道树绿带	
	路侧绿带	
交通岛绿地	中心岛绿地	
	导向岛绿地	
	立体交叉绿岛绿地	
广场绿地和停车场绿地	广场、停车场范围内的绿化用地	

2. 城市道路绿地的断面布置形式

城市道路绿地的断面布置形式与道路横断面的组成密切相关，我国现有道路多采用一块板式、两块板式、三块板式，相应道路绿地断面也出现了一板两带式、两板三带式、三板四带式，以及四板五带式。

（1）一板两带式绿地

它是最常见的道路绿地形式，中间是车行道，在车行道两侧的人行道上种植一行或多行行道树。其优点是：简单整齐，用地经济，管理方便。但当车行道过宽时，行道树的遮阳效果较差，相对单调，且不利于机动车辆与非机动车辆混合行驶时的交通管理。它多用于城市支路或次要道路。

（2）两板三带式绿地

单向行驶的两条车行道和两行行道树，中间以一条分车绿带分隔，构成两板三带式绿地。这种形式适用于宽阔道路，绿带数量较大，生态效益较显著，多用于高速公路和环城道路。由于各种不同车辆同向混合行驶，这种形式还不能完全解决互相干扰的矛盾。

分车绿带中可种植乔木，也可以只种植草坪、宿根花卉、花灌木，分车绿带宽度不宜小于2.5 m，以5 m以上景观效果为佳。

（3）三板四带式绿地

利用两条分车绿带把车行道分成三块，中间为机动车道，两侧为非机动车道，连同车行道两侧的行道树共为四条绿带，故称三板四带式绿地。此种形式占地面积大，却是城市道路绿化较理想的形式，其绿化量大、夏季蔽阴效果较好、组织交通方便、安全可靠，解决了各种车辆混合行驶互相干扰的矛盾，尤其在非机动车辆多的情况下更为适宜。

分车绿带以种植1.5～2.5 m的花灌木或绿篱型植物为主，分车绿带宽度在2.5 m以上时可种植乔木。

（4）四板五带式绿地

利用三条分隔带将车行道分成四条，使机动车和非机动车都分成上、下行而各行其道，互不干扰，即为四板五带式绿地。这种道路形式车速、安全都有保障，适于车速较高的城市主干道，节约用地。

（5）其他形式

按道路所处地理位置、环境条件特点，因地制宜地设置绿带，如山坡道、水道的绿化设计。

道路绿化断面究竟采取哪种形式，必须从实际出发，因地制宜，不能为片面追求形式，讲求气派。尤其在街道狭窄，交通量大，只允许在街道的一侧种植行道树时，就应当以行人的蔽阴和树木生长对日照条件的要求来考虑，不能为了片面追求整齐对称而减少车行道数目。

3.1.3　城市道路绿地设计的基本原则

道路绿地规划设计应统筹考虑道路功能性质、人行车行要求、市政公用及其他设施关系，并要遵循以下原则：

①道路绿地性质与景观特色相协调。

②充分发挥城市道路绿地的生态功能。

③道路绿地与交通、市政公用设施相互统筹安排。

④适地适树与功能、美化相结合。

⑤道路绿地要与其他的街景元素协调，形成完美的景观。

3.1.4　城市道路绿地设计的内容和步骤

城市道路是城市结构的重要组成部分,也是城市公共生活的主要空间。在城市道路的规划设计中,除考虑道路网、基干道路、次干道、支路的整体规划、线型布置、横纵断面设计、交叉口处理这些基本因素外,道路的空间、景观效果也是关系设计成败的关键性因素。它直接形成城市的面貌、道路空间的风格、市民的生存交往环境,成为为居民提供审美观感和生活体验的长期日常性视觉形态审美客体,乃至成为城市文化的组成部分。从这一角度讲,城市交通道路的景观设计已成为一个涉及景观设计、城市规划、建筑及空间规划设计、道路美学、环境心理学的跨学科综合性问题。

在具体的城市道路景观规划设计中,通常需要考虑道路景观视觉、沿路园林绿化、沿路建筑景观、城市道路小品设施。

1. 城市道路绿地设计内容

（1）人行道绿化带的形式及设计

从车行道边缘至建筑红线之间的绿地统称为人行道绿化带,它是道路绿化中的重要组成部分,在道路绿地中往往占较大的比例。它包括行道树、防护绿带及基础绿带等。

1）行道树的设计

行道树是道路绿地最基本的组成部分,在温带及暖温带北部,为了夏季遮阳,冬天街道能有良好的日照,常常选择落叶树作为行道树;在暖温带南部和亚热带则常常种植常绿树,以起到较好的遮阳作用。如在我国北方哈尔滨常用的行道树有柳、榆、杨、樟子松等,北京常用槐、杨、柳、椿、白蜡、油松等,而在广州、海南等地则常用大叶榕、白兰花、棕榈、榕树等。

许多城市都以本市的市树作为行道树栽植的骨干树种,如北京的国槐、重庆的悬铃木等,既发挥了乡土树种的作用,又突出了城市特色。同时,每个城市根据其主要功能、周围环境、行人行车要求的不同,采用不同的行道树,可以将道路区分开来,形成各街道的植物特色,容易给行人留下较深的印象（见图3-2）。

图 3-2　杭州市桂花树作行道树

①行道树树种选择的标准。

a. 冠大荫浓。

b. 耐修剪、耐移植。

c. 耐粗放管理,即适应性强。

d. 无毒、无刺、无飞毛、无臭味、无污染。

e. 生长迅速,寿命较长。

f. 发芽早、落叶迟且集中。

②定干高度。

在交通干道上栽植的行道树要考虑到车辆通行时的净空高度要求,为公共交通创造靠边停驶接送乘客的方便,定干高度不宜低于 3.5 m,通行双层大巴的交通街道的行道树定干高度还应相应提高,否则会影响车辆通行、降低道路有效宽度的使用。

非机动车和人行道之间的行道树考虑到行人来往通行的需要,定干高度不宜低于 2.5 m。

③定植株距。

行道树定植株距,应根据行道树树种壮年期冠幅确定,最小种植株距应为 4.0 m。快生树种不得小于 5~6 m,慢生树种不得小于 6~8 m。

④种植形式。

行道树的种植方式要根据道路和行人情况来确定,一般分为树池式和种植带式。

a. 树池式:在人行道狭窄或行人较多的街道上多采用树池种植行道树,树池形状一般为方形,其边长或直径不应小于 1.5 m,长方形树池短边不应小于 1.2 m;方形和长方形树池因较易和道路及建筑物取得协调,故应用较多,圆形树池则常用于道路圆弧转弯处。

为防止行人踩踏池土,保证行道树的正常生长,一般把树池周边做出高于人行道路面,或者与人行道高度持平,上盖池盖以减少行人对池土的踩踏,或植以地被草坪或散置石子于池中,以增加透气效果。池盖属于人行道路面铺装材料的一部分,可以增加人行道的有效宽度,减少裸露土壤,美化街景。

树池的营养面积有限,影响树木生长,同时因增加了铺装面积,提高了造价,利用效率不高,而且要经常翻松土壤,增加管理费用,故在可能条件下应尽量采取种植带式。

b. 种植带式:种植带是在人行道和车行道之间留出一条不加铺装的种植带。种植带在人行横道处或人流比较集中的公共建筑前留出通行道路。

种植带宽度不小于 1.5 m,除种植一行乔木用来遮阳外,在行道树之间还可以种植花灌木和地被植物,以及在乔木与铺装带之间种植绿篱来增强防护效果。宽度为 2.5 m 的种植带可种植一行乔木,并在靠近车行道一侧种植一行绿篱;5 m 宽的种植带则可交错种植两行乔木,靠近车行道一侧以防护为主,靠近人行道一侧则以观赏为主,中间空地可栽植花灌木、花卉及其他地被植物。

⑤其他。

在设计行道树时,还应注意路口及公交车站处的处理,应保证安全所需要的最小距离等。

2）防护绿带、基础绿带的设计

当街道具有一定的宽度，人行道绿化带也就相应地宽了，这时人行道绿化带上除布置行道树外，还有一定宽度的地方可供绿化，这就是防护绿带了。若绿化带与建筑相连，则称为基础绿带。一般防护绿带宽度小于5 m时，均称为基础绿带，宽度大于10 m的，可以布置成花园林荫路。

为了保证车辆在车行道上行驶时，车中人的视线不被绿带遮挡，能够看到人行道上的行人和建筑，在人行道绿化带上种植树木必须保持一定的株距，以保持树木生长需要的营养面积。一般来说，为了防止人行道上绿化带对视线的影响，其株距不应小于树冠直径的2倍。

防护绿带宽度在2.5 m以上时，可考虑种一行乔木和一行灌木；宽度大于6 m时，可考虑种植两行乔木，或将大、小乔木、灌木以复层方式种植；宽度在10 m以上时，种植方式可更多样化。

基础绿带的主要作用是为了保护建筑内部的环境及人的活动不受外界干扰。基础绿带内可种灌木、绿篱及攀缘植物以美化建筑物。种植时，一定要保证种植与建筑物的最小距离，保证室内的通风和采光。

人行道绿化带的设计要考虑绿带宽度、减弱噪声、减尘及街景等因素，还应综合考虑园林艺术和建筑艺术的统一，可分为规则式、自然式以及规则与自然相结合的形式。人行道绿化带是一条狭长的绿地，下面往往敷设若干条与道路平行的管线，在管线之间留出种树的位置。由于这些条件的限制，成行成排地种植乔木及灌木，就成为人行道绿化带的主要形式了。它的变化体现在乔灌木的搭配、前后层次的处理和单株与丛植交替种植的韵律上。为了使街道绿化整齐统一，同时又能够使人感到自由活泼，人行道绿化带的设计以采用规则与自然相结合的形式最为理想。近年来，国内外人行道绿化带设计多采用自然式布置手法，种植乔木、灌木、花卉和草坪，外貌自然活泼而新颖。

（2）分车绿带设计

现在城市中多采用三块板的布置方式，中间设分车绿带。分车绿带的宽度依行车道的性质和街道总宽度而定，高速公路上的分车绿带宽度一般为4～5 m；市区交通干道宽一般不小于1.5 m。城市街道分车绿带每隔300～600 m分段，交通干道与快速路可以根据需要延长。

分车绿带主要起到分隔组织交通和保障安全的作用，机动车道的中央在距相邻机动车道路面宽度0.6～1.5 m的范围内，配置植物的树冠应常年枝叶茂密，其株距不得大于冠幅的5倍；机动车两侧分隔带应有防尘、防噪声树种。

分车绿带以种植花灌木、常绿绿篱和宿根花卉为主，尤其在高速干道上的分车绿带更不应该种植乔木，以使司机不受树影、落叶等的影响，保持高速干道行驶车辆的安全。在一般干道分车绿带上，可以种植高度70 cm以下的绿篱、灌木、花卉、草皮等。我国许多城市常在分车绿带上种植乔木，主要是因为我国大部分地区夏季比较炎热，考虑到遮阳的作用，另外车辆目前行驶速度不是过快，树木对司机的视力影响不大，故分车绿带上大多种植了乔木。但严格来讲，这种形式是不合适的。随着交通事业的不断发展，分车绿带上的树木种植有待逐步实现正规化。

另外,为了便于行人过街,分车绿带应进行适当分段,一般以 75~100 m 为宜,尽可能与人行横道、停车站、大型商店和人流比较集中的公共建筑出入口相结合。

(3)交叉路口、交通岛的设计

交叉路口是两条或两条以上道路相交之处。这是交通的咽喉、隘口,种植设计需要先调查其地形、环境特点,并了解"安全视距"及有关符号。所谓安全视距,是指行车司机发觉对方来车立即刹车而恰好能停车的距离。为了保证行车安全,道路交叉口转弯处必须空出一定距离,使司机在这段距离内能看到对面特别是侧方来往的车辆,并有充分的刹车和停车时间,而不致发生撞车事故。根据两条相交道路的两个最短视距,可在交叉口平面图上绘出一个三角形,称为"视距三角形"。在此三角形内不能有建筑物、构筑物、广告牌以及树木等遮挡司机视线的地面物。在视距三角形内布置植物时,其高度不得超过0.65~0.7 m,宜选低矮灌木、丛生花草种植。

交通岛俗称转盘,设在道路交叉口处,主要为组织环形交通,使驶入交叉口的车辆一律绕岛作逆时针单向行驶。一般设计为圆形,其直径的大小必须保证车辆能按一定速度以交织方式行驶,由于受到环道上交织能力的限制,交通岛多设在车辆流量大的主干道路或具有大量非机动车交通、众多行人的交叉口。目前,我国大中城市所采用的圆形中心岛直径一般为 40~60 m,一般城镇的中心岛直径也不能小于 20 m。中心岛不能布置成供行人休息用的小游园或吸引游人的美丽花坛,而常以嵌花草皮、花坛为主或以低矮的常绿灌木组成简单的图案花坛,切忌用常绿小乔木或灌木,以免影响视线。中心岛虽然也能构成绿岛,但比较简单,与大型的交通广场或街心游园不同,必须封闭。

(4)街道小游园的种植设计

街道小游园是在城市干道旁供居民短时间休息用的小块绿地,又称街道休息绿地、街道花园。街道小游园以植物为主,可用树丛、树群、花坛、草坪等布置。乔灌木、常绿或落叶树相互搭配,层次要有变化,内部可设小路和小场地,供人们进入休息。有条件的设一些建筑小品,如亭廊、花架、园灯、小池、喷泉、假山、座椅、宣传廊等,丰富景观内容,满足群众需要。

街道小游园绿地大多地势平坦,或略有高低起伏,可设计为规则对称式、规则不对称式、自然式、混合式等多种形式。

街道小游园规划设计要点包括:特点鲜明突出,布局简洁明快;因地制宜,力求变化;小中见大,充分发挥绿地的作用;组织交通,吸引游人;硬质景观与软质景观兼顾;动静分区等。

(5)花园林荫道的绿化设计

花园林荫道是指那些与道路平行而且具有一定宽度的带状绿地,也可称为带状街头休息绿地。林荫道植物与车行道隔开,在其内部不同地段辟出各种不同休息场地,并有简单的园林设施,供行人和附近居民作短时间休息之用。目前在城镇绿地不足的情况下,可起到小游园的作用。它扩大了群众活动场地,同时增加了城市绿地面积,对改善城市小气候、组织交通、丰富城市街景起到较大的作用。例如北京正义路林荫道、上海肇家滨林荫道、西安大庆路林荫道等。

1)花园林荫道的形式

①设在街道中间的花园林荫道。即两边为上下行的车行道,中间有一定宽度的绿化带,这种类型较为常见。例如北京正义路林荫道、上海肇家滨林荫道等。其主要供行人和附近居民作暂时休息用。此类型多在交通量不大的情况下采用,不宜有过多出入口。

②设在街道一侧的花园林荫道。由于林荫道设立在道路的一侧,减少了行人与车行路的交叉,在交通流量大的街道上多采用此种类型,有时也因地形情况而定。例如傍山、一侧滨河或有起伏的地形时,可利用借景将山、林、河、湖组织在内,创造出更加安静的休息环境,例如上海外滩绿地、杭州西湖畔的六合塔公园绿地等。

③设在街道两侧的花园林荫道。设在街道两侧的林荫道与人行道相连,可以使附近居民不用穿过道路就可达林荫道内,既安静,又使用方便。由于此类林荫道占地过大,目前应用较少。

2)花园林荫道规划设计要点

①设置游步道。游步道的数量要根据具体情况而定,一般 8 m 宽的林荫道内,设一条游步道;8 m 以上时,设两条以上为宜,游步道宽 1.5 m 左右。

②设置绿色屏障。车行道与花园林荫道之间要有浓密的绿篱和高大的乔木组成的绿色屏障相隔,立面上布置成外高内低的形式较好。

③设置建筑小品。花园林荫道除布置游憩小路外,还要考虑设置小型儿童游乐场、休息座椅、花坛、喷泉、阅报栏、花架等建筑小品。

④留有出入口。林荫道可在长 75 ~ 100 m 处分段设立出入口。人流量大的人行道、大型建筑前应设出入口,可同时在林荫道两端出入口处,将游步道加宽或设小广场,形成开敞的空间。出入口布置应具有特色,作艺术上的处理,以增加绿化效果。

⑤植物丰富多彩。花园林荫道的植物配置应形成复层混交林结构,利用绿篱植物、宿根花卉、草本植物形成大色块的绿地景观。林荫道总面积中,道路广场不宜超过25%,乔木占30% ~40%,灌木占20% ~25%,草地占10% ~20%,花卉占2% ~5%。南方天气炎热需要更多的绿荫,故常绿树占地面积可大些,北方落叶树占地面积可大些。

⑥因地制宜。花园林荫道要因地制宜,形成特色景观。如利用缓坡地形形成纵向景观视廊和侧向植被景观层次;利用大面积的平缓地段,可以形成以大面积的缀花草坪为主,配以树丛、树群与孤植树等的开阔景观。宽度较大的林荫道宜采用自然式布置,宽度较小的则以规则式布置为宜等。

(6)立交桥绿地规划设计

在我国一些大的城市都建起了立交桥,由于车行驶回环半径的要求,每处立交桥都有一定面积的绿地,对这种绿地应根据实际情况进行规划设计。

立交桥绿地布置应服从该处的交通功能,使司机有足够的安全视距。出入口附近应有指示性标志,使司机可以方便地看清出入口;在弯道外侧,种植的乔木诱导司机的行车方向,同时使司机有一种安全的感觉。但在主次干道交会处,不宜种植遮挡视线的树木。

立交桥绿地应主要以草坪和花灌木、植物图案为主,形成明快、爽朗的景观环境,调节司机和乘客的视觉神经和心情。在草坪上点缀三五成丛的、观赏价值较高的常绿林或落叶林,也可得到较好的效果。

立体交叉路口如果位于城市中心地区,则应特别重视其装饰效果,以大面积的草坪地被为底景,草坪上以较为整形的乔木做规则种植形成背景,并用黄杨、小蘖、女贞、宿根花卉等形成大面积色块图案效果,做到流畅明快、引人注目,既可引导交通,又可起到装饰的作用。另外,还可在绿地中因地制宜地安排设计有代表意义的雕塑,对市民具有一定的鼓舞启发作用。

绿岛是立体交叉中面积比较大的绿化地段,一般应种植开阔的草坪,草坪上点缀具有较高观赏价值的常绿树和花灌木,也可以种植一些宿根花卉,构成一幅壮观的图景。切忌种植过高的绿篱和大量的乔木,以免阴暗郁闭。如果绿岛面积较大,在不影响交通安全的前提下,可按街心花园的形式进行布置,设置园路、花坛、座椅等。立交桥绿岛处在不同高度的主、次干道之间,往往有较大的坡度,绿岛坡降比一般以不超过 5% 为宜,陡坡位置需另作防护措施。此外,绿岛内还需要装置喷灌设施,以便及时浇水、洗尘和降温。

立体交叉外围绿化树种的选择和种植方式,要和道路伸展方向、绿化建筑物的不同性质结合起来,和周围的建筑物、道路、路灯、地下设施及地下各种管线密切配合,做到地上地下合理布置,才能取得较好的绿化效果。

(7) 步行街绿地设计

步行街是城市中专供人行而禁止一切车辆通行的道路。如北京王府井大街、武汉江汉路步行街、大连天津街等。另外,还有一些街道只允许部分公共汽车短时间或定时通过,形成过渡性步行街和不完全步行街,如北京前门大街、上海南京路、沈阳中街等。

步行街两侧均集中商业和服务性行业建筑,绿地种植要精心规划设计,与环境、建筑协调一致,使功能性和艺术性呈现出较好的效果。为了创造一个舒适的环境供行人休息与活动,步行街可铺设装饰性花纹地面,增加街景的趣味性。还可布置装饰性小品和供人们休息用的座椅、凉亭、电话间等。

植物种植要特别注意其形态、色彩,要与街道环境相结合,树形要整齐,乔木树冠大荫浓、挺拔雄伟;花灌木无刺、无异味,花艳、花期长。此外,在街心适当布置花坛、雕塑。总之,步行街要充分满足其功能需要,精心规划与设计,以达到较好的艺术效果。

(8) 滨河路绿地设计

滨河路是城市中临河流、湖沼、海岸等水体的道路。其侧面临水,空间开阔,环境优美,是城镇居民喜爱游憩的地方。如果有良好的绿化,可吸引大量游人,特别是夏日和傍晚,其作用不亚于风景区和公园绿地。

一般滨河路的一侧是城市建筑,在建筑和水体之间设置道路绿带。如果水面不十分宽阔,对岸又无风景时,滨河路可以布置得较为简单,除车行道和人行道外,临水一侧可修筑游步道,种植成行树木;驳岸风景点较多,沿水边就应设置较宽阔的绿化地带,布置游步道、草地、花坛、座椅等园林设施。游步道应尽量靠近水边,以满足人们近水边行走的需要。在可以观看风景的地方设计小型广场或凸出岸边的平台,以供人们凭栏远眺或摄影。在水位较低的地方,可以因地势高低,设计成两层平台,以踏步联系。在水位较稳定的地方,驳岸应尽可能砌筑得低一些,满足人们的亲水感。

在具有天然坡岸的地方,可以采用自然式规划,布置游步道和树木,凡未铺装的地面都应种植灌木或铺栽草皮。如有顽石布置于岸边,更显自然。

水面开阔,适于开展游泳、划船等活动的地方,在夏日及假日会吸引大量的游人,应设计成滨河公园。

滨河绿地的游步道与车行道之间要尽可能用绿化带隔离开来,以保证游人的安全和拥有一个安静休息的环境。国外滨河路的绿化带一般布置得比较开阔,以草坪为主,乔木种得比较稀疏,在开阔的草地上点缀以修剪成形的常绿树和花灌木。有的还把砌筑的驳岸与花池结合起来,种植的花卉和灌木形式多样。

2. 城市交通道路景观设计的步骤

(1)现状调查与分析

①环境踏勘。

②交通调查与分析:对道路交通流量、车辆的类型、外来车辆等进行调查。

③道路断面分析:对主要道路断面优劣进行分析,指出现状的优势和不足。

④周边建筑环境分析:对交通道路周边的建筑风格、生态环境、绿化特征进行系统的调查、研究。

⑤自然环境分析:对地形、地质、地貌、自然条件等进行分析。

根据分析,在总体规划设计定位的前提下,确定现状道路性质,并且提出主要存在的问题及解决问题的设想。

(2)初步规划与设计

由景观规划设计师根据景观定位、目标、原则和调查分析结果,提出道路景观规划设计的初步方案。

(3)初步规划设计方案的论证

景观规划师与道路工程师、城市规划师等专业人员共同研究,使道路在平面、断面、竖向、人车出入口、广场、桥涵等方面达到和谐统一,并从不同角度感知景观效果。

(4)软质景观方案深化

研究道路绿化与景点布局,使道路绿化在树种、树形、布局等总体上与周围环境成为一个整体。

(5)硬质景观方案深化

对道路硬质景观部件和相关的建筑提出控制性的初步设计。包括路灯、路牌、候车亭、小品、挡土墙、观景平台、扶手栏杆等,使景观道路规划设计与城市在风格上协调统一。

(6)深化方案的研讨论证

收集各方面专家的方案与研讨结论,提出对规划设计进行修改和调整的意见,最终形成完整的景观道路规划设计成果。

(7)施工图设计

市政道路设计部门根据完成的道路规划设计方案以及片区市政规划,进行道路施工图的设计。

3.2　高速公路绿地规划设计

3.2.1　高速公路的定义

高速公路是专供车辆高速行驶、全封闭、全立交的干线公路。近几年,高速公路在我国发展迅速,逐渐成为连接大、中、小城市的重要交通大动脉。高速公路车流量大,旅客及过往驾驶人员多,是一个特殊的带状生态环境,旅途中人们不仅要求乘车安全舒适,同时又希望沿途景观赏心悦目,这对高速公路景观绿化设计提出了较高的要求。

3.2.2　高速公路绿地设计原则

高速公路景观绿化,主要起生物防护、恢复生态景观的作用,以满足行车安全和景观舒适协调要求,防止水土流失。设计中应以"安全、实用、美观"为宗旨,力求将高速公路建成一条集绿化、美化、净化于一体的环境优美的现代化交通大动脉。主要应遵循"交通安全性、景观协调性、生态适应性、经济实用性"四个原则。

高速公路是连接远距离的各市、各区的主干道,对路面的质量要求较高,车速一般为每小时 80~120 km,也有的为每小时 200 km。

具体要求如下:

①高速公路绿地要充分考虑到高速公路的行车特色,以"安全、实用、美观"为宗旨,以"绿化、美化、彩化"为目标,防护林要做到防护效果好,同时管理方便。

②注意整体节奏,树立大绿地、大环境的思想,在保证防护要求的同时,创造丰富的林带景观。

③满足行车安全要求,保障司机视线畅通,同时对司机和乘客的视觉起到绿色调节作用。

④高速公路分车绿带应采用整形结构,宜简单重复形成节奏韵律,并要控制适当高度,以遮挡对面车灯光,保证良好行车视线。

⑤从景观艺术处理角度来说,为丰富景观的变化,防护林的树种也应适当加以变化,并在同一段防护林带里配置不同的林种,使之高低、冠形、枝干、叶色等都有所变化,以丰富绿色景观,但在具有竖向起伏的路段,为保证绿地景观的连续,在起伏变化处两侧防护林最好是同一林种、同一距离,以达到统一、协调。

3.2.3　高速公路绿地设计内容

1. 边坡景观绿化设计

高速公路车流量大,为确保高速行车、分道安全,路面设计要求达到宽、直、平。在高速公路挖、填方施工中,边坡上原有地貌及植被遭到严重破坏,一旦受到雨水冲刷、侵蚀,就会造成水土流失、塌方甚至滑坡,破坏路面,堵塞交通。因此,高速公路裸露边坡需要迅速营造人工植被进行绿化,以固土护坡、防止雨水冲刷,美化路容,保护生态环境。

(1)立地条件对边坡景观绿化的影响

1)边坡岩层和土壤的影响

高速公路施工造成路堑边坡形成新土剖面或岩层剖面。土壤中有机质含量少,含水率低,植物生长困难;路堤边坡是泥土堆积碾压而成的,虽无表土层、石块多,但质地较为疏松,常有种子和残根萌发生长。

2)坡度的影响

高速公路边坡坡度与坡面安全性和工程量均成反比,一般在 45°~70°,上边坡比下边坡坡度大,大于45°的坡面易引发水土流失和光、水的再分配,坡度越大边坡绿化越困难。

(2)高速公路边坡景观绿化植物材料的选择

1)选择原则

①以本地乡土植物材料为主,引进外来优良材料为辅;

②以草本植物为主,藤本、灌木为辅,种源材料丰富多样,因地制宜,适地适树,为多种不同的植物组合方式创造条件;

③以抗旱耐贫瘠为主要评价指标,性状和生长特性为次要指标;

④以播种繁育为主,无性繁育为辅。

2)常见边坡景观绿化植物材料(南方共18种)

①禾草植物7种:狗芽根播种或茎段播植;假俭草播种;双穗雀稗播种;钝叶草分株栽植;马尼拉草播种或茎段栽植;中花结缕草播种或茎段栽植;百喜草(选引)播种。

②灌木植物3种:山毛豆播种;胡枝子播种;勒子树播种或营养袋苗。

③藤本植物4种:地瓜榕攀缘埋茎;爬墙虎攀缘植苗;迎春花匍匐植苗;金樱子匍匐植苗。

④非禾草植物4种:蟛蜞菊茎段栽植;吉祥草分株栽植;白三叶(选引)播种;草决明播种。

2.路堑边坡景观绿化设计

(1)岩石型路堑边坡景观绿化设计

这种情况一般是挖开原有的自然岩石,或者为了固土护坡,用新的青石在山坡上贴面。挖方边坡第一级可采用垂直绿化形式,即通过种植爬墙虎、薜荔等藤类植物,使之爬满边坡,以达到视觉上软化边坡的目的。或在石面上预设一些草绳及铁丝网,然后在边坡下种植一些攀缘植物如啤酒花、山葡萄、地锦等,植物长大后,沿坡向上爬,绿化整个坡面并起固土护坡的作用。

第二级以上的岩石边坡,可采用生物防护新技术,即喷混植生、三维网植草或用安装刚性骨架回填土植草等方法,视实际情况而定。

(2)砂石型路堑边坡景观绿化设计

挖方边坡为砂、石、土混杂的情况下,可用拱形或"人"字形浆砌片石骨架或小块碎石在坡上砌出一个个方格区,在区内清除石块后换土,然后种植草坪并点缀一些花卉,也可采用三维网植草。

(3)砂土型路堑边坡景观绿化设计

挖方边坡为砂土及黏土时,边坡景观绿化设计的主要目的是固土护坡、防止泥石流。在平整、清理场地后,边坡稳定的前提下可用机械喷草防护,在一些特殊景观用途的边坡可用草坪为底色,用花灌木或硬质材料造景。

(4)路堑边坡碎落台景观绿化设计

在挖方边坡的碎落台上种植与中央分隔带相衬的灌木,且在第一级边坡顶部上砌花槽种植杜鹃、黄素馨等垂枝植物,打破边坡绿化过于单调的格局。

（5）路堑边坡下的平地景观绿化设计

如果平地比较宽敞，可适当成行或三五成群种植一些花灌木如女贞、杜鹃、海桐、七里香等，以及若干常绿树如光叶白兰、桂花等以丰富景观绿化。

3. 路堤边坡景观绿化设计

路堤边坡所经地段多为农田、沼泽、丘陵及河湖溪流区，为平地上起路基、筑路面、挖边沟形成的高速公路路基两侧的边坡。由于视线看不见，为降低造价，可采取一般绿化处理。

（1）高路堤边坡景观绿化设计

高路堤边坡景观绿化可采用浆砌片石骨架并在骨架内喷播小灌木种籽或草籽，达到生物防护的目的，为防止病虫害蔓延，每隔几年，可适当变换树种。

（2）低路堤边坡景观绿化设计

低路堤边坡景观绿化可采用三维网植草的防护方式进行绿化。

（3）路堤边坡碎落台景观绿化设计

路堤边坡碎落台景观绿化可种植一些抗逆性好的乡土树种，形成一个生态小环境，以提高边坡的防护效果，保护路基和路面。

路堤边坡景观绿化可概括为三种类型，即 A 型：少量阔叶乔木＋花灌木＋草地；B 型：针叶乔木＋花灌木＋草地；C 型：自然乔灌木＋自然草地。三种绿化类型，可根据具体情况循环交替使用。

4. 中央分隔带景观绿化设计

中央分隔带是高速公路的绿化重点，设计时要以确保司机视线开阔为原则，防止种植开花过于鲜艳的植物分散司机的注意力，并要求植物能起到夜间防眩光的作用。中央分隔带一般为 2～4 m 宽，为了能种植绿化灌木，土壤厚度要求达到 60 cm 以上。

①采用草坪、花卉、地被、灌木或小乔木，并通过不同标准段的变换，消除司机的视觉疲劳和乘客的心理单调感。

②在布置形式上，考虑车速较快的特点，按沿线两旁不同风光可设计 A、B、C 三个绿化标准段，每段 3～5 km，循环交替使用，并在排列上考虑其渐变性和韵律感。为防止病虫害蔓延，A 与 C 段有重复树种，B 段则完全不同。

③高速公路的绿化设计虽然不太复杂，但也应尽力挖掘内涵、赋予更加深远的寓意。例如京珠高速公路广珠段的中央分隔带设计，以金黄色的黄蓉为主，意喻广珠段为"黄金之路"。

5. 互通立交区景观绿化设计

互通立交区是高速公路上的重要节点，地理位置十分重要。在进行绿化设计时，不可将高速公路孤立起来，整条高速公路的景观绿化应与周围环境相协调，充分利用自然，少一些人工雕凿的痕迹，将高速公路与周边环境作为一个整体全面考虑。京珠高速公路广珠段的五座互通立交，其绿化形式以观赏型的图案为主，兼以疏林草地作为陪衬。在大小不同、形式各异的绿地中，利用各种植物材料镶嵌组合及各种园林景观手法，建成个个层次分明、景色各异、风格协调的绿岛，效果极佳。

设计要点如下：

①以草坪为基础，给人以视线开敞、气魄宏大的效果。

②中心绿地注重构图的整体性,采用大手笔的剪型树和低矮花灌木、地被构成寓意深远的绿化图案,美观大方、简洁明快,使人印象深刻、过目不忘。

③小块绿地采用疏林草地共融的布置形式,群植一些常绿树和秋色叶树,以丰富季相变化,反映地方特色。尽量采用乡土树种以及一些生长适应性强、有地方特色的乔灌木,给人以地域提示。

④在匝道弯道外侧,可适当种植一些低矮的树丛、树球及三五株小乔木以诱导出入口行车方向,并使司乘人员有一种心理安全感,弯道内侧绿化应保证视线通畅,不宜种遮挡视线的乔灌木,弯道内侧需留有足够安全视距。

⑤进行标志性设计,起到画龙点睛的作用。

6. 生活服务区景观绿化设计

高速公路的服务区主要是供司乘人员作短暂停留、车辆加油的处所。设施主要有加油站、维修站、管理楼、餐厅、宾馆、停车场及一些娱乐设施。服务区的建筑大多造型新颖,具有现代感。绿化设计主要考虑遮阴、休息等功能,绿化可采用混合式布局,以大面积缀花草坪为底色,通过植物造景、园林小品,用花草树木柔软的线条去衬托建筑的形式美。创造一个优美、生动、和谐的环境,使司机与乘客都有一种宾至如归的感觉。

（1）中心大草坪喷泉区景观绿化设计

以开敞草坪为主,并适当点缀宿根花卉及地被植物如铺地柏等,四周以串红花带镶边。

（2）宾馆、旅店区景观绿化设计

周围适当点缀针、阔叶树如雪松、香樟、荷花、玉兰等及一些珍贵花灌木,并种植若干花卉带如串红、矮牵牛等。

（3）餐馆区景观绿化设计

后面设棚栏及铁丝网,种植攀缘植物如山葡萄、地锦等进行垂直绿化,以遮挡有碍观瞻的厨房设施等。

（4）加油站、管理站、游泳馆区景观绿化设计

周围以草坪为主,适当种植若干常绿树（如法国冬青、景烈白兰花）及一些花灌木（如杜鹃、红木等）。

（5）防护绿地及预留地区景观绿化设计

在最边缘区,种植一排香樟或雪松,以界定服务区范围,并起防护作用,在预留地区种植龙爪槐、棕榈、苏铁、七里香等树种,形成富有特色的绿化区域。

（6）收费站、管理楼的景观绿化设计

收费站及管理楼是收费管理人员工作的场所。车辆驶入收费区后,车速减缓直至停下。所以,收费区在设计时应予重点考虑,应采用植物色彩渐变等方式,提示车辆进入收费区。管理楼是收费管理人员工作、休息的地方,在设计时,应考虑美化和防噪声的问题。

7. 隧道口景观绿化设计

隧道口通常采用种植高大乔木的方式进行景观绿化设计,这样既可以减少司乘人员进入隧道的心理压抑感,又可以在洞口起到明暗过渡作用,提高司机和旅客的视觉适应性,还可在上行、下行两个洞口之间种植乔灌木,以阻止汽车废气在两个洞之间回流。

8.特殊路段景观绿化设计

（1）长距离直线路段景观绿化设计

过长的直线路段给人一种僵直、呆板和单调的感觉，很容易使驾驶员及旅客感到乏味、厌倦，为提醒及警示驾驶员，每隔几百米可适当点缀数株大乔木，如樟树、玉兰、银杏、云杉、欧美杨、柳树等，以变化景观。

（2）缓曲线路段景观绿化设计

长而缓的曲线景观绿化线形能自然地诱导视线，帮助驾驶员改变行车方向，给人以舒适的感觉。所以，应有目的地在弯道外侧种植较为高大的行道树，以树木为诱导体，使前方路段给人以曲径通幽之感，弯道内侧绿化应以低矮花灌木为主，以保证驾驶员视线通畅。

（3）竖向起伏路段景观绿化设计

设计良好的竖向起伏路段景观绿化线形，能给人心理和视觉上的平稳、流畅、连续及较小的高低凹凸中断之感。两侧绿化最好应是同一树种，同一间距，以保证景观绿化平缓连续。

总之，高速公路景观绿化直接反映了一个国家或一个地区经济发展的层次和水准，同时也体现了广大人民的精神风貌，是高速公路建设中不可或缺的重要环节，务必高度重视。

高速公路景观绿化设计是高速公路建设的重要内容，应纳入高速公路总体设计中去，在路基、路面设计时，应提前考虑景观绿化设计。

在具体设计过程中，应将高速公路和所处周边生态环境作为一个整体加以考虑，并进行一体化设计，创造出一个有特色、有时代感的道路环境。设计时，应注重保护周边自然森林生态景观，牢固树立大环境、大生态景观绿化意识，严格遵循交通安全性、景观协调性、生态适应性、经济实用性四原则。巧妙利用地形地貌等各种自然环境条件，充分发掘和利用各种景观绿化植物的优势，尽量选用耐瘠薄、抗干旱、抗污染、抗病虫害、抗寒冷、管理粗放的植物，因地制宜，适地适树。

应充分考虑使用者的视觉与心理需要，使司乘人员感到道路线形流畅，行车舒适安全，择地布景，依势造形，讲求节奏感和韵律性，力争全路绿化景观协调、生动、和谐，使人赏心悦目。

复习思考题

1.简述城市道路绿地的定义。

2.简述城市道路绿地的分类。

3.简述城市道路绿地的几种断面布置形式。

4.简述城市道路绿地设计的内容。

5.简述高速公路绿地设计的内容。

第4章　单位附属绿地规划设计

城市绿化是城市建设的重要组成部分,是城市物质文明、精神文明的重要标志之一,也是改善城市环境质量、维护生态平衡的基础工程。单位附属绿地是城市绿化的基础,单位绿化的好坏将直接影响到城市绿化建设质量与数量。

4.1　单位附属绿地的定义和作用

4.1.1　定义

所谓单位附属绿地,是指机关、学校、部队、企业、事业单位管界内的绿化用地,属于城市绿地中的专用绿地,在城市中分布广、比重大,是城市绿化的基础之一。

4.1.2　作用

单位附属绿地对于所在地的环境改善有很大的作用。

1. 调节小气候

单位附属绿地有着良好的调节气温和增加空气湿度的效应。

2. 净化空气

有些树种除具有制造氧气、吸收二氧化碳的功能外,还具有杀灭细菌、吸收单位有毒气体和减少空气中放射性物质的危害等特殊功能。例如罗汉松、夹竹桃、樟树、槐树等可以吸收二氧化硫;樟树、黄杨、合欢等可以吸收氯气;夹竹桃还可以吸收氰化氢、氰化锌等有害物质。

3. 防风固沙、吸附粉尘

植物能够有效降低风速,使单位环境内空气中较大的粉尘颗粒沉淀下来,且树叶表面多绒毛,可吸附大量飘尘。

4. 减弱噪声

单位办公或生产噪声污染日趋严重,通过单位附属绿地植物的合理配置,可以大大减弱噪声污染的程度。

4.2　单位附属绿地的分类

单位附属绿地有以下几种。

4.2.1　工业企业、仓库绿地

工业企业、仓库绿地的主要作用是可以减轻有害物质(如粉尘、烟尘及有害气体)对职工和附近居民的危害,能调节内部空气温度和湿度,降低噪声,防火、防风等。所以,这类绿地对于安全生产,改善职工劳动条件,提高产品质量,有着重要作用。

4.2.2　公共事业绿地

公共事业绿地较多,如公共交通车辆停车场、水厂、污水及垃圾处理厂等内部绿地。

4.2.3　公共建筑附近环境绿地

公共建筑附近环境绿地是指居住区级以上的公共建筑用地范围内的绿地。比如学校、机关、商业服务、医院、影剧院、体育馆、车站、码头等地的附属绿地。

目前,单位附属绿地绿化形式比较单一。无绿化、绿化不好的单位占的比例大,这一方面说明城市单位绿化整体情况并不好,要进一步加强绿化,另一方面也说明城市公共建筑附近环境绿地绿化还有很大的提高空间。

4.3　单位附属绿地的设计原则

①为避免产生单调的感觉,除注意能显示不同季节变换的特点外,结合不同绿地的使用要求,可采取多种栽植形式。

②在实际中,由于单位附属绿化受到采光、地下埋置物、空中管线等多方面的限制,以混合栽植的方式较为适宜。

③入口处和一些主要休憩绿地是单位附属绿地的重点,应结合美化设施和建筑群体组合加以统一考虑。

④结合点缀小量盆栽植物来组织空间,美化环境。

⑤单位附属绿地附近可种植乔、灌木植物,建筑物墙上可用攀缘植物绿化,裸露土面可以覆盖地被植物,以减少灰尘。

⑥树种不应选择有绒毛状种子,且易散播到空中去的树木。

⑦整形的绿篱与观赏树木可用来装饰道路边缘或用以隔离各区块和建筑物。林荫道式和排列式的种植方式主要用在绿化道路,布置在绿地的外围等。

⑧对于单位的围墙、无窗的山墙都可采用垂直绿化,向空间要绿色。可进行阳台绿化、窗台绿化、屋顶绿化,这样不仅美化了个人的家,而且美化了整个居住区的环境。对于面积较大的医疗休养单位、大中专院校、中小学校,可适当增加疏林草坪建设。

4.4　单位附属绿地的内容

4.4.1　单位附属绿地道路绿化

道路是附属绿地的动脉,因此道路绿化在满足单位办公要求的同时还要保证区域内交通的通畅。道路两旁的绿化应当考虑能够阻挡行车时扬起灰尘、减少废气和噪声等的作用。

由于高密林带对污浊气流有滞留作用,因而在道路两旁不宜种植成片过密、过高的林带,而以疏林草地为佳。一般在道路两旁各种一行乔木,当受条件限制只能在道路的一侧种植树木时,则尽可能种在南北向道路的西侧或东西向道路的两侧,以达到庇荫的效果。道路绿化应注意地下及地上管网的位置,相互配合使其互不干扰。为了保证行车的安全,在道路交叉点或转弯地方不得种植高大树木和高于 1 m 的灌木丛(一般在交叉口 12 ~ 14 m 内),以免影响视线,妨碍安全运行。

种植乔木类树木的道路,能使人行道处在绿荫中。但当道路较长,为了减少单调的气氛,可间植不同的灌木和花卉,亦可覆盖以草地,使人在行走时能获得精神调剂,减少冗长的感觉。如人行道过长,亦可在每 80 ~ 100 m 适当布置椅子、宣传栏、雕像等建筑小品,以丰富视景。结合地形,人行道可以布置在不同的标高上,这样更显得自然亲切。

4.4.2　休憩和装饰性绿地

单位入口处一般有或大或小的广场,作为单位内外道路衔接的枢纽,亦作为职工集散的场所,对城市的面貌和单位的外观起着重要的作用。在这里,绿化不但起着分隔人流和货流,避免紊乱的作用,还起着调节气温、改善环境的作用。在布置时,可以设置水池点缀湖石,配以灌木花草,以增添活泼的气氛。如果结合单位内环境处理,利用温水或处理后的生产用水养鱼,以作为水质的鉴定等,则不但具有美化环境的作用,更具有实用的意义了。

休憩绿地主要是创造一定的人为环境,以供职工消除体力疲劳及心理和精神上的疲倦。因此,绿化设计除必须依据不同的生产性质和特征作不同的布置外,还必须对使用者作生理和心理上的分析,按不同要求进行绿化布置。例如,当生产环境是处在强光和噪声大的条件时,则休息环境应该是宁静的,光线是柔和的,色彩是雅淡的,没有刺激性的。而当生产环境是处在肃静和光线暗淡的条件时,休息时的环境宜是热闹的,照明应是充足的,而色彩亦该是浓厚的、鲜艳的。再者,当生产操作是集体的形式时,则休息时宜为幽静的环境和少量人的休息处所。相反,生产操作经常处在单个形式,且又处在安静的生产环境时,则休息的场所最好能集中较多的人群,周围的气氛应该是热烈的,色彩宜是丰富多彩的。

休憩绿地除在满足上述生理、心理要求的同时,还应结合地形和具体条件作适当布置。如果单位内有小溪、河流通过,或有池塘、丘陵洼地等,都可适当加以改造,充分利用这些有利条件。而一些不规则的边缘地带和角隅地,只要巧于经营,合理布置,都不失为良好的业余休息处或装饰绿地。在休憩绿地内可适当布置椅子、散步小道、休息草坪等,以满足人们不同使用的需要。至于剧烈的体育运动所需的比赛场地,由于不适宜在短时间如工间休息时活动,故在工作区域范围内布置运动比赛场地并不是最适宜的。它们可以结合职工宿舍布置在生活区范围内,以利职工下班后开展体育活动。

4.4.3　防护绿地

单位工厂防护绿地的主要作用是降低工厂有害气体、烟尘等污染物质对员工和居民的影响,减少有害物质、尘埃和噪声的传播,以保持环境的清洁。此外,对单位亦有伪装的作用。根据当地气象条件、生产类别以及防护要求等,防护绿地的布置一般有透风式、半透风式和密闭式三种。由乔木和灌木组合而成,常采取混合布置的形式。例如,郑州国棉三厂的厂区和生活区间的防护绿带,就采取了果木树混交林带,在林带内种植果树、乔木及常绿树。这样的布置方式,不但起到了保护环境卫生的目的,又有利于工厂生产、工人休息,还能获得生产水果、木材的多种效果。

防护绿地的绿化布置还要注意其疏密关系的配置,使其有利于有害气体的顺利扩散,而不造成阻滞的相反作用。在布置时应结合当地气象条件,将透风绿化布置在上风向,而将不透风的绿化布置在下风向,这样能得到较好的效果。此外,亦要注意地形的起伏、山谷风向的改变等因素的综合关系,务必使防护绿地能起到真正的防护作用。

防护绿地的宽度随工业生产性质的不同和生产有害气体的种类而异,按国家卫生规范规定分为五级,其宽度分别为 1 000 m、500 m、300 m、100 m 和 50 m。当防护带较宽时,允许在其防护绿地中布置人们短时间活动的建、构筑物,如仓库、浴室、车库等。但其允许建造的建筑面积不得超过防护绿地面积的 10% 左右。

4.4.4　其他绿地

单位区域内尚有很多零星边角地带,亦可充作绿化之用。例如,工厂区边缘的一些不规则地区,沿厂区围墙周围的地带,工厂的铁路线,露天堆场、煤场和油库,水池附近以及一些堆置弃土、废料之处,都可适当利用加以绿化,起到整洁工厂环境、美化空间的作用。这些绿化用地一般面积较小,适宜栽植单株乔木或灌木丛。如果面积较大,则可布置花坛,点以湖石,辟以小径,充分利用不同的地形面貌,因地制宜地加以经营布置,使其能变无用为有用,起到有利休息、促进生产、美化单位环境的作用。

还可以通过立体绿化增加绿化有效面积。单位附属绿地面积毕竟有限,为了增加绿化的有效面积,可以进行垂直绿化,使得植物向空间发展。例如,爬墙虎在单位办公楼可爬满整面的墙壁,既可美化单位环境,又可增加绿化有效面积。另外,还可研究开发一些适宜于种植在屋顶和平台的观赏花卉,用草坪覆盖屋顶与平台,从平面到立体、从地面到空中,应用大小不同的乔木、藤本植物、地被植物、花卉植物等多层次绿化。

4.5　实例分析

郁郁葱葱的花园城市新加坡,在 1978 年成立了花园城市行动委员会,要求对围墙和挡土墙进行绿化,加强校园绿化,对不雅观的建筑要用绿篱及花木遮挡,对不筑围墙的单位减少纳税,重视绿化法制管理及人才培养。

德国认识到工矿区和城市绿化的重要性。德国鲁尔工业区在 20 世纪 50 年代曾是黑色工业区,在 70 年代绿化覆盖率则达到 70%。

日本城市绿地法规定:工厂的绿地应占厂区总面积的 50%。

荷兰的阿姆斯特丹屠宰场区有多个小游园。

美国对绿地建设很有讲究。居住小区绿化最大的特点是:每幢别墅周围绿地树种、布局、造型、色彩都不同,注重垂直绿化,基本上做到上挂下连,每寸土地都被充分利用,而且布置得恰到好处。凯恩斯城的斯密得小区采用三个层次的绿化方式:第一层次为绿化防护带;第二层次为多个小游园,住户可以通过私人小花园直接进入;第三层次是每户都有一个小花园,用透空的栏杆与院落大空间相隔。南卡罗来纳州的林间住宅小区与整个公共绿地连成一个整体。

"绿色之都"华沙在第二次世界大战中森林遭受严重破坏,而现在人均绿地面积已达89 m^2。该市法律规定:任何新建单位必须有 50% 以上的绿化面积,而且绿化和建房必须同时完工。

我国郑州对单位附属绿地绿化也非常重视。其中,大中专院校绿化意识最强,也最重视绿化;商业居住区、医疗休养机构和科研机构的绿化情况也比较好。

新中国成立前,海口市仅有零星树木 5 万多株。1956 年,成立了市绿化委员会,组织群众植树造林。每年春秋两季,发动驻市机关、部队、学校以及企事业单位开展义务植树造林或各种绿化劳动。1960 ~ 1975 年,参加植树人数共 35 万人次,植树 341.7 万株。1981 ~ 1987 年,共发动群众 96 万人次参加义务植树或各种绿化劳动,共栽花 79.28 万株。海南建省后,海口市的绿化工作除抓好植树造林外,还重视各单位的庭院绿化美化工作,开展能树则树、能花则花、能草则草的义务植树活动。1988 ~ 1996 年,共植树栽花399.36 万株,铺植草坪 220.09 万 m^2,单位附属绿地和居住区绿地面积 729 hm^2,其中振东区 255 hm^2,新华区 259 hm^2,秀英区 215 hm^2。1993 年开展绿化检查评比表彰活动,评选出"花园式单位"30 个、"绿化达标单位"60 个。

复习思考题

1. 单位附属绿地的定义是什么?
2. 单位附属绿地如何分类?

第 5 章　居住区绿地规划设计

5.1　居住区绿地的定义和作用

5.1.1　居住区的组成和规划结构

在城市总体规划用地平衡中,生活居住用地占城市总用地的比例很大。不同的城市,由于所处条件不同,规模大小的差异,生活居住用地的组织结构也有不同的方式。大中城市一般由街坊或多个住宅组团构成小区,或邻里单位;再由数个小区或邻里单位形成居住区;多个居住区形成城市生活居住区。在小城市其结构就比较简单,几个小区(或街坊)组成生活居住区。

1. 居住区的组成

居住区用地以功能要求来分,可由下列 4 类用地组成。

(1)居住建筑用地

即住宅占有的用地和住宅前后左右必要留出的空地,包括通向住宅入口的小路、宅旁绿地和住宅用地。该项用地所占比例最大,一般要占居住区总用地的 50% 左右。

(2)公共建筑和公用设施用地

即居住区各类公共建筑和公用设施建筑物基底占有的用地及周围的专用土地。

(3)道路及广场用地

即以城市道路红线为界,居住区范围内不属于以上两项的道路、广场、停车场等。

(4)公共绿地

即居住区公园、小区公园、花园式林荫道、组团绿地等小块公共绿地及防护绿地等。

2. 居住区的规划结构

居住区的结构与布局取决于居民生活的需要,采用的结构要结合城市用地的总体布局,还要考虑所在城市的特定条件,因地制宜地选择结构模式。

居住区的结构一般为两级或三级:

居住区—居住小区—居住组团;

居住区—居住组团;

居住区—街坊。

居住区是具有一定规模的居民聚居地,它为居民提供生活空间和各种设施。在我国,居住区还特指被城市干道或自然分界线所围合,并由若干个居住小区和住宅组团组成的区域,其规模在大城市中为 3 万 ~ 5 万居民。

居住小区由若干个居住组团组成,居住人口一般为 8 000 ~ 10 000 人。居住小区应配备公共服务设施,如小学、中学、幼儿园、托儿所、居民委员会及商业服务设施,能够形成一个安全、安静、优美的居住环境。

居住组团一般指被小区道路分隔,配建有居民所需的基层公共服务设施的生活聚居地,居住人口一般为1 000 ~ 3 000人。

街坊是城市干道或居住区道路划分的建筑地块,面积一般为4 ~ 6 hm²,用于建造住房、公共服务设施和其他建筑。在一些城市市区,街坊用于建造住宅、公共建筑,沿街则建造商业设施。

5.1.2　居住区建筑的布置形式

居住区建筑的布置形式,与地理位置、地形、地貌、日照、通风及周围环境等因素有着紧密的关系。建筑布置形式的多样化,也往往使居住区总体面貌形成多种风格。

基本形式有以下几种。

1. 行列式布置

行列式布置即根据一定的朝向、合理的间距,成行成排地布置建筑,是在居住区建筑布置中最普遍采用的一种形式。其优点是使绝大多数居室获得好的日照和通风,但由于过于强调南北向布置,如处理不好,容易造成布局单调,感觉呆板。因此,在布置时常采用错落、拼接、成组偏向、墙体分隔、条点结合,立面上高低错落等方法,在统一中求得变化,打破单调呆板感(见图5-1)。

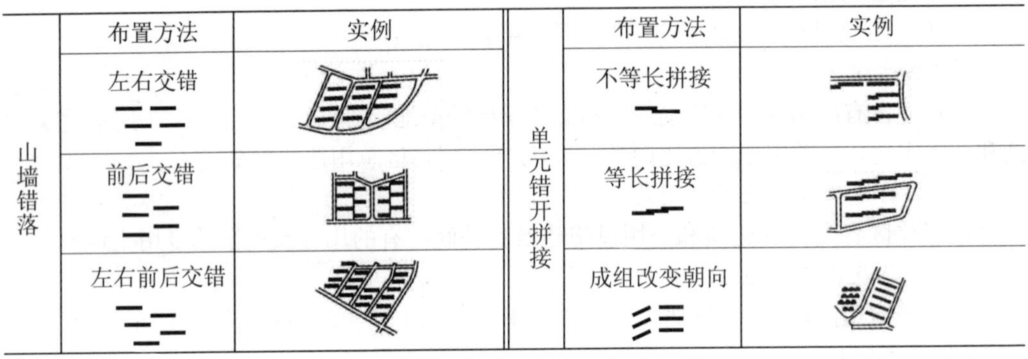

图 5-1　行列式布置

2. 周边式布置

周边式布置即建筑沿着道路或院落周边布置的形式。这种形式有利于节约用地,提高居住建筑面积密度,形成完整的院落,便于公共绿地的布置,能有良好的街道景观,也能阻挡风沙,减少积雪。然而在周边式布置中,有较多的居室朝向差及通风不良(见图5-2)。

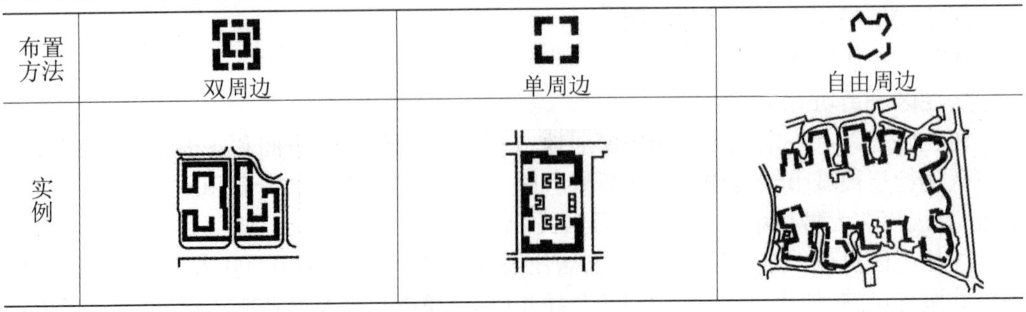

图 5-2　周边式布置

3. 混合式布置

混合式布置是上述两种形式的结合,以行列式为主,由公共建筑及少量的居住建筑沿道路院落布置,以发挥行列式和周边式布置各自的长处(见图5-3)。

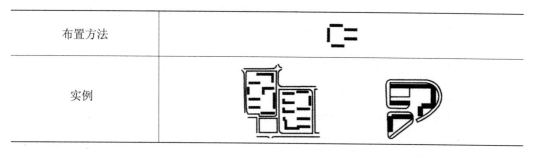

布置方法	
实例	

图5-3　混合式布置

4. 自由式布置

结合地形,考虑日照、通风,将居住建筑自由灵活的布置,其布局显得自由活泼(见图5-4)。

布置方法	散立	曲线形	曲尺形
实例	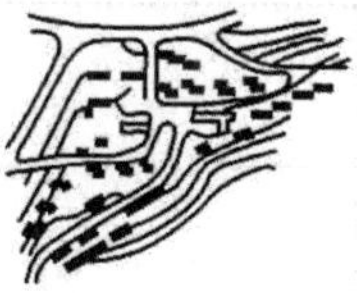		

图5-4　自由式布置

5. 庭园式布置

庭院式布置主要用于低层建筑中,每户均有院落,有较好的绿化条件。

6. 散点式布置

随着高层住宅群的形成,常采用散点式布置,围绕住宅组团的公共绿地、公共设施、水体等布置。

5.1.3　居住区道路系统

道路系统是居住区的骨架,形成居住区、居住小区、居住生活单元布局的结构,居住区道路系统的绿化布置,如绿色的网络将居住区各绿地有机地联系起来。

1. 道路系统布置的基本要求

在进行居住区道路系统布置时,要注意以下几方面:

①居住区内部道路主要是为本居住区服务的。居住区道路系统根据功能要求进行分

级,使之主次分明。它可分为主路、次路、支路及小路,或居住区、居住小区、住宅组团及宅前小路四级。

②道路系统布置要充分利用和结合地形,使之顺应地形,减少工程量及投资。

③道路系统要功能明确。为保证居住区的安静、居民的安全,过境交通不能穿越居住区,城市车辆更不能穿行小区,限制通向城市干道的车道出口,出口间距一般不小于150~200 m。还可以在公共活动中心,将步行道、绿地、建筑小品等结合起来布置,形成步行商业街。

④要缩短到达目的地的距离,形成畅通方便、行程最短的路网,给居民上下班及生活上的方便。

2. 居住区道路的分级及基本形式

居住区道路系统根据规模大小、功能要求,一般可分为三级或四级:

①居住区级道路。它是居住区的主要道路,以解决居住区的内外交通联系,车行道宽度一般为9 m,红线宽度不小于16 m。

②居住小区级道路。它是联系居住小区各部分之间的道路,车行道宽度一般为7 m。

③居住生活单元级道路。它是居住生活单元内的主要道路,以通行非机动车和人行为主,并满足救护、消防、货运等车辆通行的要求,车行道宽度一般为4~6 m。

④住宅前小路。它是通向各户或单元门前的小路,供人行,宽度为1.5~2 m,当两侧栽植灌木、绿篱,则应适当后退,以便必要时急救车和搬运车驶近住宅。

居住区道路系统的形式应根据地形、环境交通、居住区规划结构、通行主流向等因素予以综合考虑,而不追求某种形式。

居住区内主要道路的布置形式有十字形、田字形、T字形等;居住小区内部道路布置形式有环通式、半环式、尽端式、混合式等(见图5-5)。

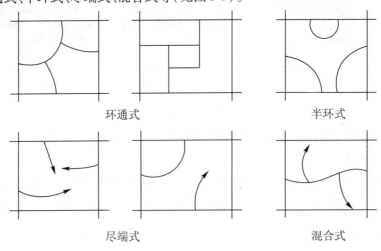

环通式　　　　　　　　　　半环式

尽端式　　　　　　　　　　混合式

图5-5　小区道路的布置形式

5.1.4　居住区绿地的作用

居住区绿地是城市园林绿地系统中的重要组成部分,是改善城市生态环境中的重要环节。生活居住用地占城市用地的50%~60%,而居住区用地占生活居住用地的45%~

55%。这大面积范围内的绿化,是城市点、线、面相结合中的"面"上绿化的一环,面广量大,在城市绿地中分布最广、最接近居民、最为居民所经常使用,使人们在工作之余,生活、休息在花繁叶茂、富有生机、优美舒适的环境中。居住区绿地为人们创造了富有生活情趣的生活环境,是居住区环境质量好坏的重要标志。随着人民物质、文化生活水平的提高,不仅对居住区建筑本身,而且对居住区环境的要求也越来越高,因此居住区绿地有着重要的作用,概括而言,有下列诸方面:

①居住区绿地以植物为主体,从而在净化空气、减少尘埃、吸收噪声,以及保护居住区环境方面有良好的作用,同时也有利于改善小气候、遮阳降温、防止西晒、调节气温、降低风速,而在炎夏静风时,由于温差而促进空气交换,造成微风。

②婀娜多姿的花草树木,丰富多彩的植物布置,以及少量的建筑小品、水体等的点缀,并利用植物材料分隔空间,增加层次,美化居住区的面貌,使居住区建筑群更显生动活泼。还可利用植物遮蔽丑陋不雅观之物。

③在良好的绿化环境下,组织、吸引居民的户外活动,使老人、少年儿童各得其所,能在就近的绿地中游憩、活动、观赏及进行社会交往,有利于人们身心健康,增进居民间的互相了解,和谐相处。

④居住区绿地中选择既好看又实惠的植物进行布置,使观赏、功能、经济三者结合起来,取得良好的效益。

⑤在地震、战时能利用绿地疏散人口,有着防灾避难、隐蔽建筑的作用,绿色植物还能过滤、吸收放射性物质。

⑥保持坡地的稳定,在起伏的地形和河湖岸边,由于植物根系的作用,绿化能防止水土的流失,维护坡岸和地形的稳定。

由此可见,居住区绿地对城市人工生态系统的平衡,城市面貌的美化,对人们保持良好的心理都很有意义。近几年来,在居住区的建设中,不仅改进了住宅建筑单体设计、商业服务设施的配套建设,而且重视居住环境质量的提高。在普遍绿化的基础上,注重艺术布局,以崭新的建筑和优美的空间环境,建成了一大批花园式住宅。鳞次栉比的住宅建筑群掩映于花园之中,把居民的日常生活与园林的观赏、游憩结合起来,把建筑艺术、园林艺术、文化艺术结合起来,把物质文明与精神文明的建设结合起来体现在居住区的总体建设中。

5.2　居住区绿地的组成及定额指标

5.2.1　居住区绿地的组成

1.公共绿地

公共绿地指居住区内居民公共使用的绿地。这类绿地常与老人、青少年及儿童活动场地结合布置。

公共绿地又根据居住区规划结构的形式、所处的自然环境条件,相应采用三级或二级布置,即:

居住区公园—居住小区中心游园;

居住区公园—居住生活单元组团绿地;

居住区公园—居住小区中心游园—居住生活单元组团绿地。

(1)居住区公园

居住区公园供全居住区居民就近使用,面积较大,相当于城市小型公园。绿地内的设施比较丰富,有体育活动场地,各年龄组休息、活动设施,画廊、阅览室、小卖部、茶室等,常与居住区中心结合布置,以方便居民使用,步行到居住区公园约 10 min 的路程,以 800 ~ 1 000 m 为宜。

(2)居住小区中心游园

居住小区中心游园主要供居住小区内居民就近使用,设置一定的文化体育设施、游憩场地,老人、青少年活动场地。居住小区中心游园位置要适中,与居住小区中心结合布置,服务半径一般以 400 ~ 500 m 为宜。

(3)居住生活单元组团绿地

居住生活单元组团绿地是最接近居民的公共绿地,以住宅组团内居民为服务对象,特别要设置老人和儿童休息活动场所,往往结合住宅组团布置,面积在 1 000 m² 左右,离住宅入口最大步行距离在 100 m 左右为宜。

在居住区内除上述 3 种公共绿地外,还可结合居住区中心、河道,在人流比较集中的地段设置游园、街头花园。

2. 专用绿地

专用绿地指居住区内各类公共建筑和公用设施的环境绿地。如俱乐部、影剧院、少年宫、医院、中小学、幼儿园等用地的绿化。其绿化布置要满足公共建筑和公用设施的功能要求,并考虑与周围环境的关系。

3. 道路绿地

道路绿地指道路两侧或单侧的道路绿化用地,根据道路的分级、地形、交通情况等的不同进行布置。

4. 宅旁和庭园绿地

居住建筑四旁的绿化用地,是最接近居民的绿地,用于满足居民日常的休息、观赏、家庭活动和杂务等需要。

5.2.2　居住区绿地的定额指标

中华人民共和国国家标准《城市居住区规划设计规范》(GB 50180—93,2002 年版)对居住区绿地的定额指标有以下规定。

1. 绿地率

新建居住区绿地率不低于 30%,旧区改造绿地率不低于 25%。

2. 人均公共绿地率

人均公共绿地组团不少于 0.5 m²/人,小区(含组团)不少于 1 m²/人,居住区(含小区和组团)不少于 1.5 m²/人。

3. 居住区用地平衡控制指标

表 5-1 列出了居住区用地平衡控制指标。

表 5-1　居住区用地平衡控制指标　　　　　（%）

用地构成	居住区	小区	组团
住宅用地	50~60	55~65	70~80
公建用地	15~25	12~22	6~12
道路用地	10~18	9~17	7~15
公共绿地	7.5~18	5~15	3~6
居住区用地	100	100	100

5.3　居住区绿地规划设计的基本原则

5.3.1　居住区绿地规划设计的原则

1. 统一规划

居住区绿地应统一规划,均匀分布在居住区域小区内部,使绿地指标、功能得到平衡,居民们使用方便。如居住区规模大或离城市公园绿地较远,则可集中较大面积的公共绿地,再与各组群的小块公共绿地、宅旁绿地、专用绿地相结合,形成合理的绿地系统。如居住区面积小或离城市公园、山林较近,则在居住区结合建筑组群,分散布置一些小块绿地。也可以将低层公共建筑如幼儿园、少年活动室等集中布置,使其周围绿地与宅旁、道路联成一体,创造较大的绿地空间。

2. 充分利用自然条件,因地制宜

要充分利用地形及原有树木、建筑,节约用地和投资。如在高低起伏较复杂的地形上,则可以在土壤深厚肥沃的地段创建绿地;如在较平的地形上,绿地则要均匀分布。

3. 注意环境美化和时空布局

在不同季节、时间、天气下都有景可观,并能组织分隔空间,改善环境卫生与小气候。其内部设施应布局紧凑,出入口位置要考虑人流方向,要有不同的休息活动空间,以满足不同年龄居民活动休息的需要。

4. 与全区的建筑布局协调一致

可根据建筑布局不同,布置小块公共绿地,以方便居民就近使用。

如建筑为行列式布局,住宅的朝向、间距、排列较好,日照通风条件较好,但是路旁山墙景观单调、呆板,绿地布局可结合地形的变化,采用高低错落、前后参差的形式,借以打破其建筑布局呆板、单调的缺陷。

如建筑为周边式布局,其中都有较大的空间,可创造公共绿地,形成该区的绿地中心,成为较好的户外休息环境。此种形式适用于北方风沙较大的居住区。但因四周有高大的楼房环境,因此有闭塞之感。

如住宅为高层塔式建筑,日照和四周的视线较好,外围绿地面积较大,可用自然园林

的布局手法。

5.3.2　各类绿地布置的原则

①居住区或居住小区内的各类绿地要统一规划、合理组织，使其服务半径能让居民方便地使用，使各项绿地的分布形成分散与集中、重点与一般相结合的形式。

②绿地内的设施与布置要符合该项绿地的功能要求，布局要紧凑，出入口的位置要考虑人流的方向，各种不同的年龄、不同的活动场地之间要有分隔，以避免相互的干扰。

③要利用自然地形和现状条件，对坡地、洼地、河湖及原有的树木、建筑要注意利用。因地制宜地选择用地和布置绿地，以节约用地和节省建设资金。

④绿地的布置要能美化居住环境，既要考虑绿地的景观，注意绿地内外之间的借景，还要考虑到在季节、时间和天气等各种不同情况下景观的变化。

⑤植物配置要发挥绿化在卫生防护等方面的作用，改善居住环境与小气候。树种选择和种植方式要求能投资少、有收益和便于管理；树木的形态及布置能配合组织居住区的建筑空间。

5.4　居住区绿地规划设计的内容和步骤

5.4.1　居住区绿地规划设计前的调查

住宅区原有的绿色树木、地形等自然环境的保存，可以说是一个重要的综合性绿化问题。所以，在住宅区开发过程中，保护这些珍贵的、现存的绿化环境是非常重要的。要保护好，首先应做好社会环境和自然环境的调查。特别是和绿化有密切关系的植被调查、土壤调查、水系调查、动物生态调查等。只有全面地掌握住宅区的环境资料，才能合理而又正确地作好规划设计，把不适合建筑的地方作为公共绿地使用，在适合建筑的地方布局住宅。

1. 开发居住区总体规划的调查

应从地质、土壤、水系、植物和动物生态等方面进行调查，特别是在新市区大型居住区中应把生长茂盛的树木当成特定区域保存。

2. 具体规划过程的调查

为了设计、施工、管理，还应加强植被调查，解决如下问题：

①住宅区内外的自然山林绿地可否利用？

②在住宅区内外对防灾、安全和景观方面有用的树木是否可以保存？

③如何对优良大树、老树进行移植利用？

④居住环境绿化的可能性如何？

3. 设计过程的调查

设计过程的调查以绘制施工图为目的，要得出实际的距离尺寸和具体树木管理的经费预算等。

4. 原有树木移植的调查

从即将采伐的树林中可以选出移植树木,并进行如何定植、假植的调查。

5. 现有树木保存的调查

树木管理的步骤取决于开发住宅区时的整地工程、开工时间、工程期限和竣工后树木开始新的利用期限等。在这一连串的活动中,应分别对现有树木进行必要的管理。

6. 树木的采伐利用和补植调查

这种调查是为了利用居住区内的树木而进行的苗木调查。其项目有树种、树高、郁闭度、密度、树形、生长势等。

5.4.2　居住区绿地的组织

居住区绿地的组织要根据居住区的规模和它在城市中所处的位置、周围地区绿地的分布以及居住区的规划设计等情况而有不同的绿地设置及布局。例如:

①当居住区或居住小区规模较大,离城市公园绿地较远时,宜集中设较大面积的整块公用绿地,以便设置文化娱乐活动及体育运动的设施,并结合公共的专用绿地、道路绿地、住宅组群绿地和宅旁绿地组成居住区或居住小区的绿地系统。

②当居住区或居住小区规模较小,附近有公园绿地或地处山林侧畔时,区内有时不集中设置较大面积的整块公用绿地,而是分散布置住宅组群绿地。在建筑间距较大、建设用地比较紧张的情况下,甚至不设置住宅组群绿地,只是加强宅旁绿地和道路绿地,以增加绿化覆盖面积。

③当需要一定规模的绿化空间而又不能集中设置较大面积的整块公用绿地时,有的居住地区采取将低层公共建筑,如幼儿园、托儿所、食堂以及青少年、老年、工人活动室等专用绿地集中布置,利用这片专用绿地与宅旁绿地、道路绿地连成一片,形成较大的绿化空间。

居住地区内不设置公用绿地,是当建设用地紧张时不得已的情况。如有条件,还是应尽可能地设置公用绿地,以便居民方便地就近使用文娱活动和体育运动的设施。

5.4.3　居住区各类绿地的规划布局

1. 公共绿地

居住区公共绿地是居民休息、观赏、锻炼身体和社会交往的良好场所,是居住区建设中不可少的。就居住区公共绿地而言,大致可分为 3 个级别,即居住区公园、居住小区中心小游园及住宅组团绿地。

(1)居住区公园

居住区公园是为整个居住区居民服务的。公园面积比较大,其布局与城市小公园相似,设施比较齐全,内容比较丰富,有一定的地形地貌、小型水体,有功能分区、景区划分,除花草树木外,有一定比例的建筑、活动场地、园林小品、活动设施等。居住区公园布置紧凑,各功能分区或景区间的节奏变化比较快。居住区公园与城市公园相比,游人成分单一,主要是本居住区的居民,游园时间比较集中,多在一早一晚,特别是夏季的晚上是游园的高峰。因此,各种照明设施、灯具造型、夜香植物的布置,成为居住区公园的特色。如北京古城公园面积 2.71 hm^2,分为儿童游乐场、山水园、花卉盆景区和雕塑喷泉广场等 4 个景区。建筑密度

3%,道路密度13%,水面占8%,开放绿地与封闭绿地之比为3.6∶1。此外,如上海曹杨公园(2.6 hm²)、彭浦公园(2.27 hm²)等都是为居住区服务的居住区公园。

中心花园是居住区公共绿地的主要形式,它集中反映了居住区绿地的质量水平,一般要求具有较高的规划设计水平和一定的艺术效果。在现代居住区中,集中的、大面积的中心花园成为不可缺少的元素,这是因为:从生态的角度看,居住区的中心花园相对面积较大,有较充裕的空间模拟自然生态环境,对于居住区生态环境的创造有直接的影响;从景观创造的角度看,中心花园一般视野开阔,有足够的空间容纳足够多的景观元素以构成丰富的景观外貌;从功能角度来看,可以安排较大规模的运动设施和场地,以利于居住区集体活动的开展;从居民心理感受来看,在密集的建筑群中,大面积的开敞场地可成为心灵呼吸的地方。因此,中心花园以其面积大、景观元素丰富,往往与公共建筑和服务设施安排在一起,成为居住环境中景观的亮点和活动的中心,是居住区生活空间的重要组成部分。同时,中心花园因其良好的景观效果、生态效益,也往往成为房地产开发的"卖点"。中心花园设计时,要充分利用地形,尽量保留原有绿化大树,布局形式应根据居住区的整体风格而定,可以是规则的,也可以是自然的、混合的或自由的。

1)位置

中心花园的位置一般要求适中,使居民使用方便,并注意充分利用原有的绿化基础,尽可能和小区公共活动中心结合起来布置,形成一个完整的居民生活中心。这样不仅节约用地,而且能满足小区建筑艺术的需要。

中心花园的服务半径以不超过300 m为宜。在规模较小的小区中,中心花园可在小区的一侧沿街布置或在道路的转弯处两侧沿街布置。当中心花园沿街布置时,可以形成绿化隔离带,能减弱干道的噪声对临街建筑的影响,还可以美化街景,便于居民使用。有的道路转弯处,往往将建筑物后退,可以利用空出的地段建设中心花园,这样,路口处局部加宽后,使建筑取得前后错落的艺术效果,同时,还可以美化街景。在较大规模的小区中,也可布置成几片绿地贯穿整个小区,居民使用更为方便。

2)规模

中心花园的用地规模是根据其功能要求来确定的,然而功能要求又和整个人们生活水平有关,这些已反映在国家确定的定额指标上。目前,新建小区公共绿地面积采用人均1~2 m²的指标。

中心花园主要是供居民休息、观赏、游憩的活动场所。一般都设有老人、青少年、儿童的游憩和活动等设施,但只有形成一定规模的、集中的整块绿地,才能安排这些内容。然而又有可能将小区绿地全部集中,不设分散的小块绿地,造成居民使用不便。因此,最好采取集中与分散相结合的方式,使中心花园面积占小区全部绿地面积的一半左右。如小区为1万人,小区绿地面积平均每人1 m²,则中心花园面积约为0.5 hm²。中心花园用地分配比例可按建筑用地约占30%以下,道路、广场用地占10%~25%,绿化用地约占60%以上来考虑。

3)内容安排

①入口。

入口应设在居民的主要来源方向,数量为2~4个,与周围道路、建筑结合起来考虑具体的位置。入口处应适当放宽道路或设小型内外广场以便集散。内可设花坛、假山石、景墙、雕塑、植物等作对景。入口两侧植物以对植为好,这样有利于强调并衬托入口设施。

②场地。

中心花园内可设儿童游乐场、青少年运动场和成人、老人活动场。场地之间可利用植物、道路、地形等分隔。

儿童游乐场的位置,要便于儿童前往和家长照顾,也要避免干扰居民,一般设在入口附近稍靠边缘的独立地段上。儿童游乐场不需要很大,但活动场地应铺草皮或选用持水性较小的砂质土铺地或海绵塑胶面砖铺地。活动设施可根据资金情况、管理情况而设,一般应设供幼儿活动的沙坑,旁边应设坐凳供家长休息用。儿童游戏场地上应种高大乔木以供遮阳,周围可设栏杆、绿篱与其他场地分隔开。

青少年运动场设在公共绿地的深处或靠近边缘独立设置,以避免干扰附近居民,该场地主要是供青少年进行体育活动的地方,应以铺装地面为主,适当安排运动器械及坐凳。

成人、老人活动场可单独设立,也可靠近儿童游戏场,在老人活动场内应多设些桌椅、坐凳,便于下棋、打牌、聊天等。老人活动场一定要做铺装地面,以便开展多种活动,铺装地面要预留种植池,种植高大乔木以供遮阳。

除上面讲到的活动场地外,还可根据情况考虑设置其他活动项目,如文化活动场地等。

③园路。

中心花园的园路能把各种活动场地和景点联系起来,使游人感到方便和有趣味。园路也是居民散步、游憩的地方,所以设计的好坏直接影响到绿地的利用率和景观效果。园路的宽度与绿地的规模和所处的地位、功能有关,绿地面积在 50 000 m² 以下者,主路 2 ~ 3 m 宽(可兼作成人活动场所),次路 2 m 左右宽;绿地面积在 5 000 m² 以下者,主路 2 ~ 3 m 宽,次路 1.2 m 左右。根据景观要求,园路宽窄可稍作变化,使其活泼。园路的走向、弯曲、转折、起伏应随着地形自然地进行。通常园路也是绿地排除雨水的渠道,因此必须保持一定的坡度,横坡一般为 1.5% ~ 2.0%,纵坡为 1.0% 左右。当园路的纵坡超过 8% 时,需做成台阶。

扩大的园路就是广场,广场有三种作用:集散、交通和休息。广场的平面形状可规则、自然,也可以是直线与曲线的组合,但无论选择什么形式,都必须与周围环境协调。广场的标高一般与园路的标高相同,但有时为了迁就原地形或为了取得更好的艺术效果,也可高于或低于园路。广场上为造景多设有花坛、雕塑、喷水池等装饰小品,四周多设座椅、棚架、亭廊等供游人休息、赏景。

④地形。

中心花园的地形应因地制宜地处理,因高堆山,就低挖池,或根据场地分区、造景需要适当创造地形,地形的设计要有利于排水,以便雨后及早恢复使用。

⑤园林建筑及设施。

园林建筑及设施能丰富绿地的内容、增添景致,应给予充分的重视。由于居住区或居住小区中心花园面积有限,因此其内的园林建筑和设施的体量都应与之相适应,不能过大。

a. 桌、椅、坐凳：宜设在水边、铺装场地边及建筑物附近的树荫下，应既有景可观，又不影响其他居民活动。

b. 花坛：宜设在广场上、建筑旁、道路端头的对景处，一般抬高 30 ~ 45 cm，这样既可当坐凳又可保持水土不流失。花坛可做成各种形状，上既可栽花，也可植灌木、乔木及草，还可摆花盆或做成大盆景。

c. 水池、喷泉：水池的形状可自然、可规则，一般自然形的水池较大，常结合地形与山体配合在一起；规则形的水池常与广场、建筑配合应用，喷泉与水池结合可增加景观效果并具有一定的趣味性。水池内还可以种植水生植物。无论哪种水池，水面都应尽量与池岸接近，以满足人们的亲水感。

d. 景墙：景墙可增添园景并可分隔空间。常与花架、花坛等组合，也可单独设置。其上既可开设窗洞，也可以实墙的形式出现，起分隔空间的作用。

e. 花架：常设在铺装场地边，既可供人休息，又可分隔空间。其可单独设置，也可与亭、廊、墙体组合。

f. 亭、廊、榭：亭一般设在广场上、园路的对景处和地势较高处。廊用来连接园中建筑物，既可供游人休息，又可防晒、防雨。榭设在水边，常作为休息或服务设施用。亭与廊有时单独建造，有时结合在一起。亭、廊、榭均是绿地中的点景、休息建筑。

g. 山石：在绿地内的适当地方，如建筑边角、道路转折处、水边、广场上、大树下等处可点缀些山石，山石的设置可不拘一格，但要尽量自然美观，不露人工痕迹。

h. 栏杆、围墙：设在绿地边界及分区地带，宜低矮、通透，不宜高大、密实，也可用绿篱代替。

i. 挡土墙：在有地形起伏的绿地内可设挡土墙。高度在 45 cm 以下时，可当坐凳用；若高度超过视线，则应做成几层，以减小高度。还有一些设施如园灯、宣传栏等，应按具体情况配置。

⑥植物配植。

在满足居住区或居住小区中心花园游憩功能的前提下，要尽可能地运用植物的姿态、体形、叶色、高度、花期、花色以及四季的景观变化等因素，来提高中心花园的园林艺术效果，创造一个优美的环境。绿化的配置，一定要做到四季都有较好的景致，适当配置乔灌木、花卉和地被植物，做到黄土不露天。

(2)居住小区中心小游园(下称小游园)

小游园是为居民提供工作之余、饭后活动休息的场所，利用率高，要求位置适中，方便居民前往。充分利用自然地形、原有绿化基础，并尽可能和小区公共活动或商业服务中心结合起来布置，使居民的游憩和日常生活活动相结合，使小游园以其能方便到达而吸引居民前往。购物之余，到游园内休息，交换信息，或到游园游憩的同时，顺便购买物品，使游憩、购物两便。如与公共活动中心结合起来，也能达到这一效果。如常州清潭小区的小游园——"春园"，就位于小区购物中心东侧，并与小区文化站结合起来布置，使购物、文化、游憩三者相结合，达到良好的效果，把小区中心衬托得更美丽。小游园的利用率与服务半径有密切关系，其服务半径一般以 200 ~ 300 m 为宜，最多不超过 500 m。

小游园的位置多数布置在小区中心，亦可在小区一侧沿街布置，以形成绿化隔离带，美化街景,方便居民及游人休息,游园中繁茂的树木,可减少街道噪声及尘土对住宅的影响。如北京二里沟小区即为一例。当小游园贯穿小区时,居民前往的路程大为缩短,宽阔葱郁的游园,如绿色长廊,使整个小区绿化面貌更为丰满。

小游园面积的大小要适宜,如面积太小,则与宅旁绿地相差无几,不便于设置老人、少年儿童的游戏活动场地;反之,集中太大面积,不分设小块公共绿地,则会减少公共绿地的数目,分布不均,增加居民到游园的距离,给居民带来不方便。因此,应采用集中与分散相结合的方式。我国小区规模以 1 万人左右为宜,根据定额指标,小区公共绿地面积平均每个居民 1 ~ 2 m²,则小游园面积以 0.5 ~ 1 hm² 为宜,即小游园面积为小区公共绿地总面积一半左右,另一半可以分散安排为住宅组团绿地。

小游园平面布置形式可有以下 3 种:

规则式:园路、广场、水体等依循一定的几何图案进行布置,有明显的主轴线,对称布置或不对称布置,给人以整齐、明快的感觉。如北京二里沟小游园。

自由式:布局灵活,能充分利用自然地形、山丘、坡地、池塘等,迂回曲折的道路穿插其间,给人以自由活泼、富于自然气息之感。自由式布局能将我国传统造园艺术手法充分运用于居住区绿地中,获得良好的效果。如常州清潭小区中心游园自由式布局,在植物配置上突出春景,取名"春园";种植垂柳、玉兰、迎春、海棠、樱花、桃、紫荆等,春日时节,柳条依依,春花灼灼,为清潭小区平添一番春意。园内轻巧玲珑的文化站,有着浓郁的江南民居风格,蘑菇亭洁白如玉立于池边,新颖可亲。园内运用中国园林分隔空间的手法,将园分为西南部的儿童游戏区、南面的少年活动区、东部的安静休息区,使整个中心小游园显得清新、活泼、明朗。

混合式:规则式及自由式相结合的布置,既有自由式的灵活布局,又有规则式的整齐,与周围建筑、广场协调一致。如常州花园新村小游园,从规则式的广场,过渡到自由式布置的安静休息区。

园路是小游园的骨架,既是联通各休息活动场地及景点的脉络,又是分隔空间和居民休息散步的地方。园路随地形变化而起伏,随景观布局之需要而弯曲、转折,在折弯处布置树丛、小品、山石,增加沿路的趣味;设置座椅处要局部加宽。园路宽度以不小于两人并排行走的宽度为宜,一般主路宽 3 m 左右,次路宽 1.5 ~ 2 m。为了行走舒适和利于排水,横坡一般为 1.5% ~ 2%,纵坡最小为 3%,超过 8% 时要以台阶式布置。路面最简易的为水泥、沥青铺装,亦可以虎皮石、卵石纹样铺砌,预制彩色水泥板拼花等,以加强路面艺术效果,在树木衬映下更显优美。

小游园广场以休息为主,设置座椅、花架、花台、花坛、花钵、雕塑、喷泉等,有很强的装饰效果和实用效果,为人们休息、游玩创造良好的条件。

在小游园里布置的休息、活动场地,其地面可以进行铺装,或铺设草皮,或以透吸性强的沙铺地。可在这里休息、打羽毛球、做操、打拳、弈棋等。打拳以每人占地 8 ~ 10 m² 计。广场上还可适当栽植乔木,以遮阳避晒,围着树干还可制作椅子,为人们坐息之处。

小游园以植物造景为主,在绿色植物映衬下,适当布置园林建筑小品,能丰富绿地内容,增加游憩趣味,使空间富于变化,起到点景作用,也为居民提供停留休息观赏的地方。小游园面积小,又为住宅建筑所包围,因此要有适当的尺度感,总的来说宜小不宜大,宜精不宜粗,宜轻巧不宜笨拙,使之起到画龙点睛的效果。小游园的园林建筑及小品有亭、廊、榭、棚架、水池、喷泉、花坪、花台、栏杆、座椅以及果皮箱、宣传栏等。

(3)住宅组团绿地

住宅组团绿地是直接靠近住宅的公共绿地,通常结合居住建筑组群布置,服务对象是组团内居民,主要为老人和儿童就近活动和休息的场所。有的小区不设中心游园,而以分散在各组团内的绿地与路网绿化、专用绿地等形成小区绿地系统。如苏州彩香村居住小区采取集中与分散相结合,点、线、面相结合的原则,以住宅组团绿地为主,结合林荫道、防护绿带以及庭院和宅旁绿化,构成一个完整的绿化系统。每个组团由6~8幢住宅组成,每个组团的中心有一块约1 300 m² 的绿地,形成开阔的内部绿化空间,创造了“家家开窗能见绿、人人出门可踏青”的富有生活情趣的生活居住环境。

住宅组团绿地的布置根据建筑组群的组合不同,可有以下几种方式。

1)周边式布置

利用建筑形成的院子布置,不受道路、行人、车辆的影响,环境安静,比较封闭,有较强的庭院感,大部分居民都可以从窗内看到绿地,有利于家长照看玩耍的幼儿,但噪声对居民的影响较大。由于将楼与楼之间的庭院绿地集中组织在一起,所以建筑密度相同时,可以获得较大面积的绿地(见图5-6)。

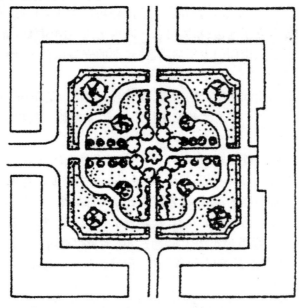

图 5-6　周边式住宅组团绿地

2)扩大住宅间距布置

可以改变行列式住宅的单调狭长空间感,一般将住宅间距扩大到原间距的2倍左右。如苏州彩香村小区在组团内中间一排住宅抽掉一幢五至六开间的住宅单元,形成面积约1 300 m² 的住宅组团绿地。北京古城居住区东小区13号楼绿地即扩大楼间距,除绿化外,还适当安排了几组园林小品和小型活动场地,取得良好的效果(见图5-7)。

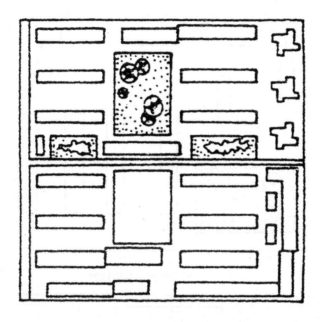

图 5-7　扩大间距的住宅组团绿地

3）行列式布置

行列式布置的住宅,对居民干扰少,但空间缺少变化,容易产生单调感。适当拉开山墙距离,开辟为绿地,不仅为居民提供了一个有充足阳光的公共活动空间,而且从构图上打破了行列式山墙间所形成的胡同的感觉,组团绿地的空间又与住宅间绿地相互渗透,产生较为丰富的空间变化(见图 5-8)。

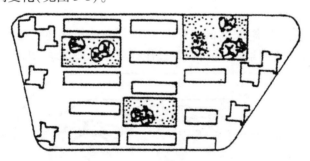

图 5-8　行列式住宅组团绿地

4）住宅组团一角布置

在地形不规则的地段,利用不便于布置住宅建筑的角隅空地,能充分利用土地,但由于在一角,加长了服务半径(见图 5-9)。

5）结合公共建筑布置

结合公共建筑布置可使组团绿地同专用绿地联成一片,相互渗透,扩大绿化空间感。

6）两住宅组团之间布置

两住宅组团之间的绿地是由于受组团内用地限制而采用的一种布置手法,在相同的用地指标下绿地面积较大,有利于布置更多的设施和活动内容(见图 5-10)。

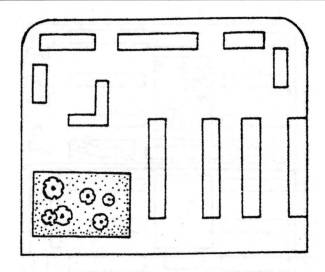

图 5-9　住宅组团一角的绿地

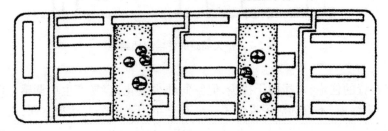

图 5-10　两住宅组团之间的绿地

7）一面或两面临街布置

绿化空间与建筑产生虚实、高低的对比,可以打破建筑线连续过长的感觉,使绿化和建筑互相映衬,丰富了街道景观,还可以使过往群众有歇脚之地(见图 5-11)。

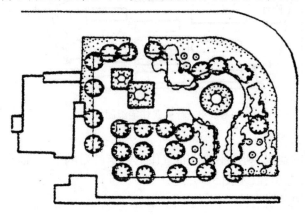

图 5-11　临街组团绿地

8）自由式布置

组团绿地穿插配合其间,空间活泼多变,组团绿地与宅旁绿地配合,使整个住宅群面貌显得活泼(见图 5-12)。

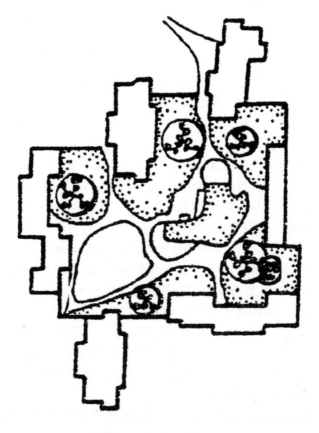

图 5-12　自由式组团绿地

组团绿地可布置为开敞式、半封闭式、封闭式等。

开敞式：居民可以进入绿地内休息活动，不以绿篱或栏杆与周围分隔，如常州"梅"、"兰"、"竹"、"菊"4 个组团绿地。

半封闭式：以绿篱或栏杆与周围有分隔，但留有若干出入口。

封闭式：绿地为绿篱、栏杆所隔离，居民不能进入绿地，亦无活动休息场地，使用效果较差。

组团绿地从布局形式来分，有规则式、自然式和混合式。

组团绿地用地少、投资少，布置灵活，易于建设，见效快。面积一般在 0.1~0.2 hm²，造价为 15~25 元/ m²。

组团绿地服务半径小，使用效率高，为居民提供了一个安全、方便、舒适的休息、游憩和社会交往的场所。据天津市已建成的几个组团绿地统计，日游人量达 2 000~3 000 人次/km²。

组团绿地的内容设置可有绿化种植、安静休息、游戏活动等，还可附有一些小品建筑或活动设施。具体内容要根据居民活动的需要来安排，是以休息为主，还是以游戏为主；休息活动场地在居住区内如何分布等，均要按居住地区的规划设计统一考虑。

绿化种植部分：此部分常在周边及场地间的分隔地带，其内可种植乔木、灌木和花卉，铺设草坪，还可设置花坛，亦可设棚架种植藤本植物、置水池植水生植物。植物配置要考虑造景及使用上的需要,形成有特色的不同季相的景观变化及满足植物生长的生态要求。如铺装场地上及其周边可适当种植落叶乔木为其遮阳;人口、道路、休息设施的对景处可丛植开花灌木或常绿植物、花卉;周边需障景或创造相对安静空间地段则可密植乔、灌木,或设置中高绿篱。组团绿地内应尽量选用抗性强、病虫害少的植物种类。

安静休息部分:此部分一般也作老人闲谈、阅读、下棋、打牌及练拳等场地。该部分应设在绿地中远离周围道路的地方,内可设桌、椅及棚架、亭、廊建筑作为休息设施,亦可设小型雕塑及布置大型盆景等供人静赏。

游戏活动部分:此部分应设在远离住宅的地段,在组团绿地中可分别设幼儿和少年儿童的活动场地,供少年儿童进行游戏性活动和体育性活动。其内可选设沙坑、滑梯、攀爬等游戏设施,还可安排打乒乓球的球台等。

组团绿地的布置要注意以下几方面:

出入口的位置、道路、广场的布置要与绿地周围的道路系统及人流方向结合起来考虑;绿地内要有足够的铺装地面,以方便居民休息活动,也有利于绿地的清洁卫生。一般来说,绿地覆盖率在50%以上,游人活动面积率为50%~60%。为了有较高的覆盖率,并保证活动场地的面积,可采用铺装地上留穴种乔木的方法。

一个居住小区往往有多个组团绿地,这些组团绿地从布局、内容及植物布置上要各有特色。如常州市清潭小区以梅、兰、竹、菊命名的4个组团绿地,各有特色,与此相应的在各个组团建筑上也镶以梅、兰、竹、菊的浮雕装饰,取得良好的效果。

2. 公共建筑和公用设施专用绿地

公共建筑和公用设施专用绿地指居住区内一些带有院落或场地的公共建筑、公用设施的绿化。如中、小学,托儿所,幼儿园的绿化。虽然这些机构的绿地由本单位使用、管理,然而其绿化除了按本单位的功能和特点进行布置,同时也是居住区绿化的重要组成部分,发挥着重要的作用。其绿化应结合周围环境的要求加以考虑。如某幼儿园的绿化布置,东侧的树木对住宅起了防止西晒和阻隔噪声的作用,西侧的树木划分了幼儿园院落与相邻住宅组团绿地的空间。

公共建筑和公用设施的绿地与小区公共绿地相邻布置,联成一片,扩大绿色视野,使小区绿地更显宽阔,增大其卫生防护功能和视觉效果。如江苏常州花园小区公共绿地,用地0.58 hm²,面积不大,但与东、南、西4组低层公共建筑(幼儿园、托儿所、文化站和邮局)的庭园绿地连成一片,通过精巧低矮的花围墙,使几个绿化空间相通且渗透,相映增景,取得了很好的效果。

现在简单介绍一下有关会所及会所绿地设计的几个问题。

①会所的含义。如今国内新建的居住区或居住小区内,大多都设置了会所。"会所"一词来自中国香港,是指居住区内居民进行文、体、休闲等活动及聚会之场所,其功能作用相当于我们所熟知的俱乐部。

②会所绿地的主要内容。会所一般都附设有游泳池、网球场等室外活动场所,会所绿地主要是指这些室外活动场所的绿化布置。

③会所绿地的设计原则。会所绿地作为居住区绿化水平和档次的标志,其绿化布局应体现"美观、新颖、舒适"的设计原则,着重强调绿化景观空间的塑造。

3. 住宅间及庭院绿化

住宅四周及庭院内的绿化是送到家门口的花园绿地,是住宅区绿化的最基本单元,最接近居民。它包括住宅前后及两幢住宅之间的用地,在住宅区绿化中占地比例较大,约占小区绿化总用地面积的 50%,有的居住区宅旁绿地人均面积超过公共绿地的人均面积。如上海鞍山四村,总面积 6.88 hm^2,宅旁绿地 0.55 hm^2,平均 0.65 m^2/人,比公共绿地 0.5 m^2/人还多。

宅间绿地与居民日常生活有着密切关系,为居民的户外活动创造良好的条件和优美的环境,以满足居民休息、儿童活动、做家务、观赏等的需要,其用地面积不计入公共绿地指标内。其绿化布置因建筑组合形式、层数、间距、住宅类型、住宅平面布置的不同而异。这里的绿化布置还直接关系到室内的安宁、卫生、通风、采光,关系到居民视觉美和嗅觉美的欣赏,阵阵花香飘满院,绿叶红花入室来,是一种美的享受。宅旁绿地遍及整个居住区,绿化状况能反映出居住区绿化的总体效果。

（1）宅旁绿化的注意事项

①绿化布局,树种的选择要体现多样化,以丰富绿化面貌。行列式住宅容易造成单调感,甚至不易辨认外形相同的住宅,因此可选择不同的树种、不同的布置方式,以成为识别的标志,起到区别不同行列、不同住宅单元的作用。

②住宅周围常因建筑物的遮挡造成大面积的阴影,树种的选择上受到一定的限制,因此要注意耐阴树种的配植,以保阴影部位有良好的绿化效果。如可种植桃叶珊瑚、罗汉松、十大功劳、金丝桃、金丝梅、珍珠梅、绣球花,以及玉簪、紫萼、书带草等宿根花卉。

③住宅附近管线比较密集,如自来水管、污水管、雨水管、煤气管、热力管、化粪池等,树木的栽植要留够距离,以免后患。

④树木的栽植不要影响住宅的通风采光,特别是南向窗前不要栽植乔木,尤其是常绿乔木,在冬天由于常绿树木的遮挡,使室内晒不到太阳,而有阴冷之感,是不可取的。一般应在窗外 5 m 之外栽植。

⑤绿化布置要注意尺度感,以免由于树种选择不当而造成拥挤、狭窄的不良心理感觉,树木的高度、行数、大小要与庭院的面积、建筑间距、层数相适应。

⑥使庭院、屋基、天井、阳台、室内的绿化结合起来,把室外自然环境通过植物的安排与室内环境联成一体,使居民有一个良好的绿色环境心理感,使人赏心悦目。

（2）宅间绿化布置的形式

宅间绿化布置的形式多种多样,归纳起来,可采取以下几种。

1）树林型

高大的乔木多行成排地布置,对改善环境、改善小气候有良好的作用,也为居民在树荫下进行各项活动创造了良好的条件。这种布置比较粗放、单调,而且容易影响室内通风及采光。

2）绿篱型

在住宅前后用绿篱围出一定的面积,种植花木、草皮,是早期住宅绿化中比较常用的方法。绿篱多采用常绿树种,如大叶黄杨、侧柏、桧柏、蜀桧、女贞、小叶女贞、桂花等,也可采用花灌木、带刺灌木、观果灌木等,做成花篱、果篱、刺篱,如贴梗海棠、火棘、六月雪、溲疏、扶桑、米仔兰、驳骨丹等。其中花木的布置,在有统一基调树种前提下,各有特色,或根据住户的爱好种植。

3)围栏型

用砖墙、预制花格墙、水泥栏杆、金属栏杆、竹篱笆等在建筑正面(南、东)围出一定的面积,形成首层庭院,布置花木,这在近年来的居住区建设中最为广泛,深受欢迎。在院内,居民可根据不同需要、爱好选种花木,安排晒衣、家务、堆场、休息、游憩的场地。在围栏上布满攀缘植物,开花时节满墙红的花、白的花、黄的花,形成一条美丽的花的走廊,极为美观。如凌霄、蔓蔷薇、金樱子等。

4)花园型

在宅间用地上,用绿篱或栏杆围出一定的用地,自然式或规则式的、开放型或封闭型的布置,起到隔声、防尘、遮挡视线、美化的作用,其形式多样,层次丰富,也为居民提供休息的场所。

5)独院型

一般在独庭式住宅内布置,除布置花木外,往往还布置有山石、水池、棚架、园林小品,形成自然、幽静的居住生活环境。也可以草坪为主,栽种树木、花草。园路、场地的平面布置显得多样而活泼,开敞而恬静。

(3)住宅建筑旁的绿化

住宅建筑旁的绿化应与庭院绿化、建筑格调相协调。

1)入口处的绿化

目前小区规划建设中,住宅单元大部分是北(西)入口,底层庭院是南(东)入口。北入口以对植、丛植的手法,栽植耐阴灌木,如金丝桃、金丝梅、桃叶珊瑚、珍珠梅、海桐球、石楠球等,以强调入口。南入口除上述布置外,常栽植攀缘植物,如凌霄、常春藤、地锦、山乔麦、金银花等,做成拱门。在入口处注意不要栽种有尖刺的植物,如凤尾兰、丝兰等,以免伤害出入的居民,特别是幼小儿童。

2)墙基、角隅的绿化

垂直的建筑墙体与水平的地面之间常以绿色植物为过渡,如植铺地柏、鹿角柏、麦冬、葱兰、玉簪等,角隅栽植珊瑚树、八角金盘、凤尾竹、棕竹等,使沿墙处、屋角绿树茵茵,色彩丰富,打破呆板、枯燥、僵直的感觉。

防西晒的绿化也是住宅绿化的一部分,可采取两种方法:一是种植攀缘植物,垂直绿化墙面,可有效地降低墙面温度和室内气温,也美化装饰了墙面。常见的可栽植植物有地锦、五叶地锦、凌霄、常春藤等。二是在西墙外栽植高大的落叶乔木,盛夏之时,如一堵绿墙使墙面遮阳,室内免受西晒之灼,如杨、水杉、池杉等。

3)生活杂务用场地的绿化

在住宅旁有晒衣场、垃圾站等,一要位置适中,二要采用绿化将其隐蔽,以免有碍观瞻。近年来建造的住宅都有生活阳台、首层庭院,可以解决晒衣问题,不需另辟晒衣场地。但不少住宅无此设施,可在宅旁或组团场地上辟集中管理的晒衣场,其周围栽植常绿灌木,如珊瑚树、女贞、椤木等,既不遮蔽阳光,又能显得整齐,不碍观瞻,还能防止尘土把晒的衣物弄脏。

在住宅区内,倾倒垃圾有的采用地下垃圾箱,有的采用高台垃圾箱,有的采用移动式垃圾箱(筒),由汽车收集倾倒,不管以何种方式,都要有垃圾站。其位置要适当,既要便于使用和清运,也要注意隐蔽。在垃圾站外围密植常绿树木,将垃圾站遮蔽起来,也可避免由于风吹而垃圾飘飞的情况,但要留出入口,以便垃圾的倾倒和清扫。

4. 道路绿化

道路绿化如同绿色的网络,将居住区各类绿化联系起来,是居民上班工作、日常生活的必经之地,对居住区的绿化面貌有着极大的影响。道路绿化有利于居住区的通风,能改善小气侯,减少交通噪声的影响,保护路面及美化街景,以少量的用地,增加居住区的绿化覆盖面积。道路绿化布置的方式,要结合道路横断面、所处位置、地上地下管线状况等进行综合考虑。居住区道路不仅是交通、职工上下班的通道,往往也是居民散步的场所,主要道路应绿树成荫。树木配植的方式、树种的选择应不同于城市街道,形成不同于市区街道的气氛,使乔木、灌木、绿篱、草地、花卉相结合,显得更为生动活泼。

居住区干道是联系各小区及居住区内外的主要道路,除人行外,车辆交通比较频繁,行道树的栽植要考虑行人的遮阴与交通安全,在交叉口及转弯处要依照安全三角视距要求,保证行车安全。干道路面宽阔,选用体态雄伟、树冠宽阔的乔木,使干道绿树成荫,在人行道和居住建筑之间可多行列植或丛植乔灌木,以起到防止尘埃和隔音的作用,如北京古城居住区的古城东街。行道树以馒头柳、桧柏和紫薇为主,又以贴梗海棠、玫瑰、月季相辅,绿带内还以开花繁密、花期长的半支莲为地被,在道路拓宽处布置了花台、山石小品,使街景花团锦簇,层次分明,富于变化。

居住小区道路是联系各住宅组团之间的道路,是组织和联系小区各项绿地的纽带,对居住小区的绿化面貌有很大作用。这里以人行为主,也常是居民散步之地,树木配置要活泼多样。根据居住建筑的布置、道路走向以及所处位置、周围的环境等加以考虑。树种选择上可以多选小乔木及开花灌木,特别是一些开花繁密的树种及叶色变化的树种,如合欢、樱花、五角枫、红叶李、乌柏、栾树等。每条道路又选择不同树种、不同断面种植形式,使每条路各有个性。在一条路上以某一两种花木为主体,形成合欢路、樱花路、紫薇路、丁香路等。如北京古城居住区的古城路,以小叶杨作行道树,以丁香为主栽树种,春季丁香盛开,一路丁香一路香,紫白相间一路彩,给古城路增景添彩,也成为古城居民欣赏丁香的去处。

住宅小路是联系各住宅的道路,宽 2 m 左右,供人行。绿化布置时要适当后退 0.5 ~ 1 m,以便必要时急救车和搬运车驶近住宅。小路交叉口有时可适当放宽,与休息场地结合布置,也显得灵活多样,丰富道路景观。行列式住宅各条小路,从树种选择到配置方式采取多样化,形成不同景观,也便于识别家门。如北京南沙沟居住小区,形式相同的住宅建筑间小路,在平行的 11 条宅间小路上,分别栽植馒头柳、银杏、柿、元宝枫、核桃、油松、泡桐、香椿等树种,既有助于识别住宅,又丰富了住宅绿化的艺术面貌。

5. 儿童游戏场

少年儿童是国家和民族的未来和希望,在城市人口中占 1/4 ~ 1/3,也是在居住区内活动、游戏时间最长的居民,因此安排好儿童游戏场,与增强少年儿童的身心健康、保证住宅区内的安宁,以及为解家长的后顾之忧有着密切的关系,是居住区规划中的一个重要方面。

儿童游戏场是居住区绿化系统的组成部分,在进行规划布局时,要结合居住区的结构,不同年龄、不同性别儿童对户外活动的要求和方式的差异考虑。在小区规划中可把儿童游戏场地分为3级:

第一级儿童活动场地,安排在居住建筑的宅前宅后的庭院部分,是最小型的活动场地,主要供学龄前儿童活动,以3～6岁的儿童居多,其独立活动能力不强,需要大人照料。活动设施比较简单,有一块乔木遮阴的地坪,地面排水要求比较良好,可设小沙坑,安放椅子供家长照顾孩子使用,周围不以灌木相围,以便家人从窗口能看到和照料。

第二级儿童活动场地,安排在住宅组团绿地内,主要供学龄儿童活动。这一阶段的儿童活动量较大,且喜欢结伙游戏,要有足够的活动场地,设于单独地段,可减少住宅附近的喧哗。在场地上进行一些集体活动,如跳橡皮筋、跳绳、踢毽子等,还可设置简单的活动器械,如小型单杠、沙坑、秋千、压板等。

第三级为小区级的,可与小区公共活动中心、少年之家结合布置,每个小区可设1～2处,有较大型的游戏设备和小型体育器械,如秋千、滑梯、转椅、攀登架、篮球架、小足球门等。

在住宅区内靠近住宅布置儿童游戏场,是少年儿童课余活动最方便的地方,可安排活动场地。

青少年的活动量较大,比较喜欢球类活动,常在小区中心游园内布置,也有的在住宅附近设置。

儿童游戏场的面积可参照下列数据进行布置:6岁以下幼儿活动场,服务半径不超过50 m,用地规模100～200 m²,位于宅前屋后;学龄儿童活动场,服务半径不超过150 m,用地规模在1 000 m²,布置在组团绿地内;12周岁以上青少年活动场,服务半径不宜超过200 m,用地规模在1 500 m²以下,多与小区游园或居住区级公园的布置相结合。

儿童游戏场的设计,要符合儿童的心理、兴趣爱好、游戏玩耍的特点,使之对儿童有吸引力。活动场地的布置、内容、形式、造型以及色彩都要符合儿童的好奇心、求知欲、富于幻想的心理特点,培养儿童的机智、勇敢、好学、创造性,有利于儿童幼小身心的健康发展。

场地的平面设计要与周围建筑群空间相协调,使创造出的空间富于艺术效果,其形状可呈规则式的,亦可呈不规则式的,形成丰富多变、活泼多样的空间,对儿童更有吸引力。在场地内除栽种乔木以遮阴外,还可栽种灌木、绿篱、草皮、花卉等。用各种材料铺砌道路、场地,设置沙坑、涉水池,砌筑游戏墙,以及设置根据不同年龄特点使用的游戏器械,如秋千、浪木、转椅、滑梯、攀登架、压板、组合器械等,供不同年龄的儿童游玩,增进儿童的健康。

6. 老人活动场地

社会学家认为,21世纪人类将进入"银发"时代,21世纪的主要课题之一是关心老人。我国是老龄人口大国,在实现21世纪居住条件"小康化"总目标的同时,应妥善解决好城市人口老龄化带来的居住环境问题。创造"老有所养、老有所乐、老有所为、老有所医"的中国特色老龄人口居住环境,是当今居住区环境规划设计所不容忽视且刻不容缓的责任。

（1）空间类型

居住区老人活动场地的空间类型按使用方式一般可分为 3 类。

1）社会交往空间

与人交往是老人的重要需求，也是老人积极参与活动的一种方式。社交场地的设计应考虑的重要因素是安全保护和方便舒适；其位置常出现在建筑物的出入口、步行道的交会处和日常使用频繁的小区服务设施附近空间。

2）景观欣赏空间

享受大自然，与自然亲密接触，是老人使用室外空间的首要原因，这与老人健康和健身活动的需要密切相关。

3）健康锻炼空间

健康锻炼是老人室外活动的主要内容。体育活动场地和设备种类的考虑不仅要为体弱者提供方便和安全，还应使活动项目能有一定的激励作用。室外健身场所的提供常受经济水平和气候条件的影响和制约，但步行、晒太阳和观赏花草则是老人普遍爱好和易行的活动。

（2）设计原则

老人活动场地的设计要满足老人因生理、心理的变化而产生的对空间环境的特殊要求，为此需要对空间环境作特殊的组织和处理，通常应遵循以下原则。

1）无障碍性

老人由于生理和心理条件的变化，自身的需求与现实的环境之间有了较大的距离，使老人与环境的联系发生了障碍。无障碍环境设计是专门为老人及残疾人创造的，它的措施有建立明确的视觉中心、放大字体、增强色彩对比度、运用熟悉的符号、提供能面对面交谈的家具设施、扶手设计、坡道设计等。老人活动场地步行道路坡度应控制在 5% 以下，尽量减少地面高差的变化，若有高差变化，应增强高差感，使老人能清楚地察觉，并设有防滑装置。

2）易于识别

视力与记忆的衰退和建立新概念的困难，使老人在一个不熟悉的环境里很难确认方位。标示性的创造有利于方位的识别。标示性可通过空间的层次和个性来创造，以合理的空间序列，并利用熟悉的道路形式等方法提高识别性。各种细部的处理，如材料、质感、色彩和形式的变化，也可突出空间的特征和个性。树立标志物也是加强景观环境可识别性的辅助手段。

3）易于控制

有边界限定和细部处理的空间有助于空间的使用和控制。在居住区中，老人对小空间、半封闭空间、边界确定的闭合空间有特殊的偏好，这些空间能满足老人小群体交往的需要，且使老人具有较强的安全感；一些大而非限定的空间使用率较低，老人进入此类空间后易失去空间自我感和控制感。

4）易达性

老人活动场地如果没有方便的交通联系，将是没有生命力的，对于行动不便的老人来说，这一点显得尤其重要。在室内外空间之间和不同的室外空间之间应有较舒适方便的连接,以保证老人参加活动时付出的生理和心理的努力能够得以实现。这里应重视过渡空间的设计,因过渡空间本身起着导向作用,通过色彩的变化或改变路面铺装方式等手法暗示前方将到达另一区域,这种暗示有助于老人积极地迎接挑战。如果到达目的地距离较远,行进路线长,则需在中途设置休息椅或休息区,以提高老人到达目的地的可能性。

5) 易交往性

户外活动场地是老人与外界交往的主要场所,其位置宜选择在老人易于相聚的地方,例如步行道交叉口、单元入口处、菜场、文化中心等附近。半封闭的空间有助于促进老人的社会交往。U 形和 L 形平面的凹形空间及住宅组群围合的内向型空间,能促使老人亲密交往,这类社交空间就像一个温暖的口袋一样,能为老人创造一个舒适惬意的空间。

(3) 设计要点

老人活动场地的设计应考虑首先要为必要的户外活动提供安全、适宜的条件;其次为自发性、娱乐性活动提供适宜的条件;然后为社会性活动提供必要的条件。在住宅外部,各种类型、大小的空间是必不可少的。但是,有了空间却不等于具备了老人活动的场所,场所是具有明确特征的空间,只有当老人在一个具体的空间里感到自在,愿意逗留并产生联想时,空间才会成为老人活动的场所。

1) 活动空间环境设计

①中心活动区。这是居住区内最大的老人活动场地,它可位于一个独立的区域,也可设在公共设施和中心绿地的附近。其选址必须考虑老人的易达性,同时应与附近车道保持适当的距离,避免车辆的干扰。

此区域一般宜分两区设计:动态活动区和静态活动区。动态活动区地面必须平坦防滑,供老人在此进行球类、拳术等非私密性的健身活动,其外围最好提供绿荫和坐处,为老人活动后休息提供方便;静态活动区可利用大树荫、户外遮顶、廊道等空间,供老人在此观望、晒太阳、聊天、弹唱及其他娱乐活动。动态活动区和静态活动区应保持适当距离,以免相互干扰,但静态活动区应能观赏到动态活动区的活动。

活动中心还需考虑适当的阳光和阴暗,最好用建筑界面、人造物或植物来形成具有足够的阳光和丰富的阴影的空间,避免形成炎热和阴冷的空间。

②小群体活动区。有些老龄人出于心理和习惯原因,喜欢同趣味相投的三五个老人一起活动,这就需要有小群体活动空间。这类场地宜安排在地势平坦、通风向阳的地方,以羽毛球场地大小为宜,也可容纳拳术等各种动态健身活动。场地周围应有一边以上有遮阴及坐息处,供老人观赏和休息。

③私密性活动区。室外空间设计应满足维护老人私密性活动的要求,以增强老人独立自主和“有用”的意识,促进心理健康,避免产生时时处处受监护的感觉,消除“老而无用”的消极心理。此类活动空间应位于宁静的地方,避免被主要道路穿过或位于主要人流聚集处,并有视线遮掩或隔离,以免成为外界的视点,如果能面对优美的景观则更为理想。

2) 步行空间环境设计

步行是老人健身的最简易、最方便、最普遍、最有效的方式。步行也需要空间,其中步行道设计的好坏与步行活动息息相关。

①安全舒适。步行道的安全性是老人最关心的问题。首先应保证路面平坦,利于通行;其次是遇水不滑;另外是尽量避免台阶,高差处应设平缓坡道。在老人身体高度内应避免有横向突出物。路面铺装材料以安全舒适为宜。

②导向明显。在道路转折与终点处宜设置一些标志物以增强导向性,使之具有方向指认功能。为老人设置的标志应考虑老人视觉退化的特点。标志文字的尺度是按行走速度和距离决定的。为老人设置的标志尺寸,应基本与从时速 25 km 汽车上观看的标志尺寸相同。

③线形设计。应力求避免漫长而笔直的步行路线,蜿蜒或富于变化的道路可以使老人的步行变得更加有趣,而且弯曲的道路比笔直的道路通常在减少风力干扰方面也有好处。

④宽度坡度。供老人使用的步行道的宽度一般不宜小于 2.5 m。在道路交叉口、街坊入口,以及被缘石隔断的人行道均应设缘石坡道,其坡度一般为 1:12。步行道里侧的缘石,在绿化带处高出步行道至少 0.1 m,以防老人拐杖打滑。

此外,应考虑在步行道的适当位置提供坐息空间,方便老人休息、聊天和观景。

3) 坐息空间环境设计

①位置选择。坐息空间通常布置在大树下、公共建筑的廊檐下、建筑物的出入口附近、小区内交通流线的交集处等,应有良好的通风、充足的阳光,但不宜在风口。户外坐息空间要有连续性,为老人提供方便的休息、观赏处。如能利用平台、水面、坡面、植物地形之高差等形成变化,将可强化坐息空间的区位及地点感。在坐息空间里,老人能以视听来感受他人,如儿童玩耍、行人来往、人群聚集、优美景色等,可形成生动流畅的视觉效果。

②座椅设计。座椅的形式有带靠背的椅子和长、短凳。同时,座椅应与桌子有较好的匹配,以满足老人打牌、下棋等活动的需要。座椅最好以木材制作,冬暖夏凉,但木质座椅在室外使用耐久性差,维护不善易损坏,因此实际操作中多用混凝土等硬质材料制成。座椅的尺寸应充分考虑老人的特点,高度以 30~45 cm 为宜,宽度则应在 40~60 cm。

③座椅布置。座椅的布置必须通盘考虑场地的空间和老人的需求。每一个座椅或者每一处小憩之地都应有各自相宜的具体环境,如凹处、转角处能提供亲切、安全和良好的小环境。同时,座椅之间的布置角度应考虑老人交往的可能性和满足一定活动形式的必要性。并且,室外座椅的布置应考虑老人聚集和交谈的需要,考虑到有坐轮椅者参与交谈的情况,应保证有足够的空间。桌子的高度和位置也应考虑坐轮椅者的方便。

4) 绿化设计

老人场地的绿化设计,除应遵循一般的绿化布置原则外,针对老人特有的生理和心理特征,还应注意以下几点:

①老人活动场地应尽可能平坦,避免种植带刺及根茎易露出地面的植物,造成老人行走的障碍。

②老人活动场地中的花坛或种植地应高出地面至少 75 cm,以防老人被绊倒,同时也有利于保护种植植物。

5) 照明设计

在老人活动场地设计中,照明设计也是不容忽视的一个方面。一般来说,老人视觉要求提供更高的照明标准,以增强其对深度和高度的辨别能力。室外重点照明区域一般在建筑物的出入口、停车场以及有踏步、斜坡等地势变化的危险地段。配置高度不等的照明灯光,可形成不同的阴影,有利于减少炫目的强光,增强老人的辨别力。

5.4.4　居住区绿化植物的配置和树种的选择

在居住区绿化中,为了更好地创造出舒适、卫生、宁静、优美的生活、休息、游憩的环境,要注意植物的配置和树种的选择,原则上要考虑以下几个方面:

①要考虑绿化功能的需要,以树木花草为主,提高绿化覆盖率,以期起到良好的生态环境效益。

②要考虑四季景观及早日普遍绿化的效果,采用常绿树与落叶树、乔木和灌木、速生树与慢长树、重点与一般结合,不同树形、色彩变化的树种配置。种植绿篱、花卉、草皮,使乔、灌、花、篱、草相映成景,丰富、美化居住环境。

③树木花草种植形式要多种多样,除道路两侧需要成行栽植树冠宽阔、遮阴效果好的树木外,可多采用丛植、群植等手法,以打破成行成列住宅群的单调和呆板感,以植物布置的多种形式,丰富空间的变化,并结合道路的走向、建筑、门洞等形成对景、框景、借景等,创造良好的景观效果。

④植物材料的种类不宜太多,又要避免单调,力求以植物材料形成特色,使统一中有变化。各组团、各类绿地在统一基调的基础上,又各有特色树种,如玉兰院、桂花院、丁香路、樱花街等。

⑤居住区绿化是件群众性绿化工作,宜选择生长健壮、管理粗放、少病虫害、有地方特色的优良树种。还可栽植些有经济价值的植物,特别在庭院内、专用绿地内可多栽既好看又实惠的植物,如核桃、樱桃、玫瑰、葡萄、连翘、麦冬、垂盆草等。花卉的布置使居住区增色添景,可大量种植宿根、球根花卉及自播繁衍能力强的花卉,以省工节资,又可获得良好的观赏效果,如美人蕉、蜀葵、玉簪、芍药、葱兰、波斯菊、虞美人等。

⑥要多种攀缘植物,以绿化建筑墙面、围栏及矮墙,提高居住区立体绿化效果,并用攀缘植物遮蔽丑陋之物。如地锦、五叶地锦、凌霄、常春藤、山乔麦等。

⑦在幼儿园及儿童游戏场忌用有毒、带刺、带尖,以及易引起过敏的植物,以免伤害儿童。如夹竹桃、凤尾兰、枸骨、漆树等。在运动场、活动场地不宜栽植大量飞毛、落果的树木。如杨、柳、银杏(雌株)、悬铃木、构树等。

⑧要注意与建筑物、地下管网有适当的距离,以免影响建筑的通风、采光,影响树木的生长和破坏地下管网。乔木距建筑物 5 m 左右,距地下管网 2 m 左右,灌木距建筑物和地下管网 1 ~ 1.5 m。

复习思考题

1.居住区的组成有何要求?
2.居住区建筑的布置形式有哪些?

3. 居住区的规划结构有哪些?

4. 居住区绿地的作用有哪些?

5. 居住区绿地的定额指标有哪些?

6. 居住区绿地规化设计的原则有哪些?

7. 居住区绿地规划设计的内容有哪些?

8. 组团绿地的布置应注意什么?

9. 居住区绿化的植物配置和树种选择应注意什么?

第6章 各类公园的规划设计

6.1 公园的定义和作用

6.1.1 公园的定义

城市公园是随着近代城市的发展而兴起的,是城市中的"绿洲"和环境优美的游憩空间。城市公园不仅为城市居民提供了文化休息以及其他活动的场所,也为人们了解社会、认识自然、享受现代科学技术带来了种种方便。此外,城市公园绿地对美化城市面貌、平衡城市生态环境、调节气候、净化空气等均有积极的作用。因此,无论在国内或者在国外,在作为城市基础设施之一的园林建设中,公园都占有最重要的地位。城市公园的数量与质量既可以体现某个国家或地区的园林建设水平和艺术水平,同时也是展示当地社会生活和精神风貌的橱窗。

世界造园已有6 000多年的历史,但公园的出现却只是距今一二百年的事。17世纪中叶,英国爆发了资产阶级革命,武装推翻了封建王朝,建立起土地贵族与大资产阶级联盟的君主立宪政权,宣告资本主义社会制度的诞生。不久,法国也爆发了资产阶级革命,继而,革命的浪潮席卷全欧。在"自由、平等、博爱"的口号下,新兴的资产阶级没收了封建领主及皇室的财产,把大大小小的宫苑的私园都向公众开放,并统称为公园,这就为19世纪欧洲各大城市产生一批数量可观的公园打下了基础。

此后,随着资本主义近代工业的发展,城市逐步扩大,人口大量增加,污染日益严重。在这样的历史条件下,资产阶级对城市环境也进行了某些改善,新辟出一些公共绿地并建设公园就是其中的举措之一。

然而,从真正意义上进行设计和营造的公园则始于美国纽约的中央公园。1858年,政府通过了由欧姆斯特德和他的助手沃克斯合作设计的公园设计方案,并根据法律在市中心划定了一块约340 hm^{2}的土地作为公园用地。在市中心保留这样大的一块公园用地是基于这样一种考虑:将来城市不断发展扩大以后,公园会被许多高大的城市建筑所包围。为了使市民能够享受到大自然和乡村景色的气息,在这块面积较大的公园用地上,可创造出乡村景色的片段,并可把预想中的建筑实体隐蔽在园界之外。在这种规划思想的指导下,整个公园的规划布局以自然式为主,只有中央林荫是规则式的。

由于位于市区中央的纽约中央公园面积大,且成长带状,对城市交通造成了一定的切割。为了保证城市交通南北畅通,规划时将园内4条园路与城市街道立体交叉相连,其他道路则采用回游式环路,使游人在园内散步、骑马、驾车等活动与城市交通互不干扰。公园建成后,利用率很高。据统计,1871年的游人量竟高达1 000万人次(当时全市居民尚不足百万)。纽约中央公园的建成受到了社会的关注和赞赏,从而影响了世界各国,推动了城市公园的发展。但是,由于各国地理环境、社会制度、经济发展、文化传统以及科技水平的不同,在公园规划设计的做法与要求上表现出较大的差异性,呈现出不同的发展趋势。

6.1.2　公园的作用

公园的作用是多方面的:公园补充了城市生活中所缺少的自然山林,风景奇丽的树木,宽阔的草坪,五彩的花卉,新鲜湿润的空气,随心所欲的散步和运动环境,对在城市生活的人有着恢复身心疲劳的作用;公园有无形的教育功能,对提高人们的素质有一定的作用;公园还有净化空气、减少公害的作用。

1. 直接作用

人类生活中必需的自然环境,在公园中暂时可以获得满足。公园可提供给人们湿润新鲜的空气,提供人们运动、娱乐的场所和设施。公园中的音乐台、舞池、剧场直接为市民提供机会和娱乐活动场所。公园环境优美,能改善附近的卫生环境,同时也能对预料不到的灾害,如火灾、地震等起到预防或避难场所的作用。另外,公园中的植物还有防噪声、防有害气体、防尘作用。

2. 间接作用

公园中的名胜古迹、纪念碑及不同景点、景物,对市民起到爱国主义和热爱家乡、城市的教育作用。公园中的植物园、专类园、温室、动物园、水族馆、图书室、展览室等,均有科普、科教的作用,人们在游览休息中无形地获得教益,这对提高市民素质,加强精神文明建设起到积极的促进作用。

6.2　公园的分类和标准

6.2.1　公园的分类

随着城市化水平的不断提高,城市环境问题日益突出,绿地建设的重要性已为人们所认识。由于我国目前还没有统一的绿地分类标准,所以各个城市的绿地分类差别较大,有些即使是同类绿地,名称相同,但其内涵和统计口径也不尽相同。绿地分类及统计口径的不规范,导致绿地系统规划与城市规划之间缺少协调关系,使城市之间的绿地规划建设指标缺乏可比性,直接影响到绿地系统规划的编制与审批,影响到绿地的建设与管理。从绿地建设实践和城市的可持续发展来看,迫切需要制定全国统一的绿地分类标准。

2002 年 6 月 3 日,中华人民共和国建设部发布了《城市绿地分类标准》(CJJ/T 85—2002),此标准自 2002 年 9 月 1 日起实施。

在《城市绿地分类标准》(CJJ/T 85—2002)中,对城市绿地分类以及公园绿地的分类均有明确的规定。

1. 城市绿地分类

城市绿地(简称绿地)是指以自然植被和人工植被为主要存在形态的城市绿地。它包含两个层次的内容:一是城市建设用地范围内用于绿化的土地;二是城市建设用地之外,对城市生态、景观和居民休闲生活具有积极作用、绿化环境较好的区域。这个概念建立在充分认识绿地生态功能、使用功能和美化功能,城市发展与环境建设互动关系的基础上,是对绿地的一种广义的理解,有利于建立科学的城市绿地系统(简称绿地系统)。

2. 公园绿地分类

公园绿地是城市中向公众开放的、以游憩为主要功能,有一定的游憩设施和服务设施,同时兼有健全生态、美化景观、防灾灭灾等综合作用的绿化用地。它是城市建设用地、城市绿地系统和城市市政公用设施的重要组成部分,是表示城市整体环境水平和居民生活质量的一项重要指标。

公园绿地并非公园和绿地的叠加,也不是公园和其他类别绿地的并列,而是对具有公园作用的所有绿地的统称,即公园性质的绿地。

对公园绿地进一步分类,目的是针对不同的公园绿地提出不同规划、设计、建设及管理要求。《城市绿地分类标准》(CJJ/T 85—2002)中将公园绿地按其主要功能和内容分为综合公园、社区公园、专类公园、带状公园和街旁绿地5个中类及11个小类(见表6-1),小类基本上与国家标准《公园设计规范》(CJJ 48—92)的规定相对应。

6.2.2　公园绿地的标准

在进行城市公园绿地规划设计时,需了解和计算一些相关的指标,这些指标主要有城市绿地总面积、人均绿地面积、公园绿地面积、人均公园绿地面积、绿地率及公园游人容量等。绿地应以绿化用地的平面投影面积为准,每块绿地只应计算一次。此外,绿地计算所用的图纸比例、计算单位和统计数字精确度均应与城市规划相应阶段的要求一致。

1. 主要指标的计算

(1)城市绿地总面积

$$A_g = A_{g1} + A_{g2} + A_{g3} + A_{g4}$$

式中　A_g——城市绿地总面积,m^2;

　　　A_{g1}——公园绿地面积,m^2;

　　　A_{g2}——生产绿地面积,m^2;

　　　A_{g3}——防护绿地面积,m^2;

　　　A_{g4}——附属绿地面积,m^2。

值得注意的是,其他绿地没有作为城市绿地面积的一部分加以计算,这是因为其他绿地不能代替或折合成城市建设用地中的绿地,它只是起到功能上的补充、景观上的丰富和空间上的延续等作用,使城市能够在一个良好的生态、景观基础上进行可持续发展。其他绿地不参与城市建设用地平衡,它的统计范围应与城市总体规划用地范围一致。

(2)人均绿地面积

$$A_{gm} = (A_{g1} + A_{g2} + A_{g3} + A_{g4})/N_p$$

式中　A_{gm}——人均绿地面积,$m^2/$人;

　　　N_p——城市人口数量,人;

　　　A_{g1}——公园绿地面积,m^2;

　　　A_{g2}——生产绿地面积,m^2;

　　　A_{g3}——防护绿地面积,m^2;

　　　A_{g4}——附属绿地面积,m^2。

表 6-1　公园绿地分类

类别代码			类别名称	内容与范围	备注
大类	中类	小类			
G1	G11		综合公园	内容丰富,有相应设施,适合于公众开展各类户外活动的规模较大的绿地	
		G111	全市性公园	为全市居民服务,活动内容丰富、设施完善的绿地	
		G112	区域性公园	为市区内一定区域的居民服务,具有较丰富的活动内容和设施完善的绿地	
	G12		社区公园	为一定居住用地范围内的居民服务,具有一定活动内容和设施的集中绿地	不包括居住组团绿地
		G121	居住区公园	服务于一个居住区的居民,具有一定活动内容和设施,为居住区配套建设的集中绿地	服务半径0.5～1.0 km
		G122	小区游园	为一个居住小区的居民服务,配套建设的集中绿地	服务半径0.3～0.5 km
	G13		专类公园	具有特定内容或形式,有一定游憩设施的绿地	
		G131	儿童公园	单独设置,为少年儿童提供游戏及开展科普、文体活动,有安全、完善设施的绿地	
		G132	动物园	在人工饲养的条件下,异地保护野生动物,供观赏、普及科学知识,进行科学研究和动物繁育,并具有良好设施的绿地	
		G133	植物园	进行植物科学研究和驯化,并供观赏、游憩及开展科普活动的绿地	
		G134	历史名园	历史悠久,知名度高,体现传统造园艺术并被审定为文物保护单位的园林	
		G135	风景名胜公园	位于城市建设用地范围内,以文物古迹、风景名胜点(区)为主形成的具有城市公园功能的绿地	
		G136	游乐公园	具有大型游乐设施,单独设置,生态环境较好的绿地	绿化占地比例应大于等于65%
		G137	其他专类公园	除以上各种专类公园外具有特定主题内容的绿地。包括雕塑园、盆景园、体育公园、纪念性公园等	绿化占地比例应大于等于65%
	G14		带状公园	沿城市道路、城墙、水滨等,有一定游憩设施的狭长形绿地	
	G15		街旁绿地	位于城市道路用地之外,相对独立成片的绿地,包括街道广场绿地、小型沿街绿化用地等	绿化占地比例应大于等于65%

（3）公园绿地面积

$$A_{g1} = A_{g11} + A_{g12} + A_{g13} + A_{g14} + A_{g15}$$

式中　A_{g11}——综合公园面积，m^2；

　　　　A_{g12}——社区公园面积，m^2；

　　　　A_{g13}——专类公园面积，m^2；

　　　　A_{g14}——带状公园面积，m^2；

　　　　A_{g15}——街旁绿地面积，m^2。

（4）人均公园绿地面积

$$A_{g1m} = A_{g1}/N_p$$

式中　A_{g1m}——人均公园绿地面积，m^2／人。

（5）绿地率

$$\delta_g = (A_{g1} + A_{g2} + A_{g3} + A_{g4})/A_c \times 100\%$$

式中　δ_g——绿地率，%；

　　　　A_c——城市的用地面积，m^2。

（6）公园游人容量

公园游人容量指旅游旺季、周末高峰小时内同时在公园游玩的人数。应按下式计算：

$$C = A/A_m$$

式中　C——公园游人容量，人；

　　　　A——公园总面积，m^2；

　　　　A_m——公园游人人均占有面积，m^2／人。

2. 影响公园面积的因素

关于公园的面积标准,虽然各国的要求及规定不同,但在认识上基本是一致的,通常认为,公园面积的确定是受下列因素影响的。

（1）时代的变化

美国的园林工程师欧姆斯特德说:"全体居民在步行范围内需要的绿地应占城市面积的8%~10%,最低限度不得低于5%。"而在1915年,瓦格纳以体育运动为主计算出来的绿地面积是每人平均享有18 m^2。随后,直到数年前还认为公园绿地的面积最低要占城市街道面积的10%,现在,这个10%已被认为缺乏理由。一般来说,面积标准有增加的趋势。如苏联马格尼托哥尔斯克市的城市规划即是按公园绿地1/3、劳动场所1/3、住宅1/3的用地比例进行规划的。

（2）城市规模

城市规模大小不同,公园的面积亦不同。如美国就有这样的规定,即:

人口50万以下的城市公园,每人平均约40 m^2；

人口50万以上的城市公园,每人平均约20 m^2；

人口100万以上的城市公园,每人平均约13.5 m^2。

（3）城市性质及自然条件

不同性质的城市,如工商业城市与宗教文化政治城市对公园绿地的要求亦不同。同时,平原地区的城市与山岳、湖海地段的城市相比也各有不同。

（4）国民素质

国民素质主要指文化修养的程度。此外,每个国家的国民对自然向往的程度和爱好体育活动的内容都各有特点,如英国人喜爱足球,日本人喜爱柔道、剑术和摔跤,美国人喜欢高尔夫球等,国民的爱好不同,因而公园的面积亦不同。

3.公园面积的计算基础

日本人在公园面积的计算方面,为了提高公园利用系数,对不同年龄居民对公园的不同要求,以及不同年龄的人在公园活动时间的长短和分布规律作了详细调查,他们不是按城市给人们分配多少公园和绿地,而是探索在公园绿地中安置多少人合适,或者说在大自然中该容纳多少人和多少设施才是恰当的,这种探讨和研究是有一定意义的。具体计算方法如下。

（1）按年龄分配不同的公园面积

0~5 岁,保护人陪同游戏的幼儿公园,人均 3 m²,每处 0.05 hm²;

5~15 岁,以个人活动为主的儿童公园,人均 9.2 m²,每处 1.2~2 hm²;

15~25 岁,以体育活动为主的运动公园,人均 55 m²,每处 1.2~8 hm²;

全年龄,以游憩、散步为主的邻里公园,人均 28 m²,每处 2~20 hm²。

（2）按活动项目决定面积

面积的大小应根据设施的需要来决定。从设施上考虑,公园的活动面积应分为自由活动面积和饱和活动面积两种。

所谓饱和活动面积,是以不妨碍别人的游憩活动情绪为前提的,其面积为 20 坪(1 坪 = 3.3 m²)。

（3）按利用时间决定面积

即按每天、每周、每月、每年利用的时间决定面积。

（4）按使用次数决定面积

要使每天的利用次数达到最大限度。

（5）人均公园面积

根据以上各项参考,适应各年龄层的必要面积可按以下方法算出:

适龄者人均所需要面积 = 按公园种类的饱和面积 × 每人使用时间 × 每人 1 周使用次数/(公园利用时间 × 1 周使用次数)

市民人均所需各种公园面积 = 适龄者人均所需要的各种公园面积 × 同年龄者数/全市居民数

（6）公园的最小面积

公园作为一个有系统的设施,不仅需要上述计算方式,而且还必须保证最低限度的需要面积。

（7）吸引距离

吸引距离通常指 80% 的游人从出发点到公园的距离。在这个距离内因有无交通频繁的干线道路或妨碍来往的大工厂而有很大的不同。

（8）公园的种类

使用以上计算方式计算,公园的划分方法不是按大、中、小的形式进行划分的,而是按年龄、设施、每人平均利用的时间和面积来划分的。

日本北村先生根据上述理论,计算出日本人均需要的各种公园面积共4坪,具体如下:

①游乐场、运动公园:1坪;

②城市公园、修景园地:1坪;

③自然公园:2坪。

日本的《都市公园法》制定于1956年,经1993年修改以后,将全国的建设目标定为平均每人10 m^2 以上,其中,市区公园的建设目标是平均每人5 m^2 以上。1990年的调查表明:日本市区公园面积达到平均每人5 m^2 以上的地区占全国的32%;都市规划区公园面积达到平均每人10 m^2 以上的地区占全国的19%。

6.3　公园规划设计的基本原则

6.3.1　分区规划

所谓分区规划,就是将整个公园分成若干个小区,然后对各个小区进行详细规划。根据分区规划的标准、要求的不同,可分为两种形式。

1.景色分区

景色分区是我国古典园林特有的规划方法,在现代公园规划中仍时常采用。景色分区是将园地中自然景色与人文景观突出的某片区域划分出来,并拟定某一主题进行统一规划。

在公园中构成主题的因素通常有山水、建筑、动物、植物、民间传说、文物古迹等。一般来说,面积小、功能比较简单的公园,其主题因素比较单一,划分的景区也少;而面积大、功能比较齐全的公园,如市、区级综合性公园,风景游览区等其主题因素较为复杂,规划时可设置多个景区。如杭州花港观鱼公园(1952年建),面积18 hm^2,共分为6个景区,即鱼池古迹区、大草坪区、红鱼池区、牡丹园、密林区、新花港区。每一个景区都有一个主题,如牡丹园以种植牡丹为主,园中筑有土丘、假山,山顶置牡丹亭,十多块牡丹种植小区在山石、红枫和翠柏的衬托下,显得格外突出。

2.功能分区

功能分区理论是20世纪50年代受苏联文化休息公园规划理论的影响,结合我国的具体实际而逐步形成的一种规划理论。

这种理论强调宣传教育与游憩活动的完美结合。因此,公园用地是按活动内容来进行分区规划的。通常分为6个功能区,即公共设施区(演出舞台、公共游艺场等)、文化教育设施区(剧场、展览馆等)、体育活动设施区、儿童活动区、安静休息区、经营管理设施区。

在这种理论的指导下,我国20世纪50年代兴建的一批公园,如合肥逍遥津公园(1950年建)、北京陶然亭公园(1953年建)、哈尔滨文化公园等均是参照苏联文化休息公园的模式规划建设的。

景色分区和功能分区这两套理论各有所长,景色分区是从艺术形式的角度来考虑公园的布局,含蓄优美,趣味无穷;功能分区是从实用的角度来安排公园的活动内容,简单明确,实用方便。一个好的公园规划应当力求达到功能与艺术两方面的有机统一。

6.3.2　景点规划

景点是构成景区的基本单元,它具有一定的独立性,若干个景点构成一个景区。景区规划要做好两件事,即选景和造景。

1. 选景

根据景区内的自然地形、植被状况、功能要求以及人文景观资料,确定景点的位置,并对其进行设计,使其成为具有一定观赏价值的景点。

2. 造景

详见本书第 2 章。

6.3.3　景线规划

景线是指园林中连接各景区、景点的线性因素。景线规划主要有导游线和风景视线规划两种。

1. 导游线

导游线,顾名思义是引导游人游览的路线。在公园中,导游线与园路基本吻合。

导游线的布置不是简单地将各景区、景点联系在一起,而是要把众多的景区、景点有机协调地组合在一起,使之具有完整统一的艺术结构和景观展示程序。好的导游线布置应有起景—高潮—结景这 3 个方面的处理,即序景—起景—发展—转景—高潮—结景。如颐和园的前山区,从山脚至山顶有一组轴线突出、建筑雄伟的主体建筑群。这组建筑从湖边起,以云辉玉宇牌楼为序景,以排云门、排云殿为起景,以山腰的德辉殿作为风景轴线发展,直至佛香阁时形成高潮。为了突出高潮,佛香阁不论是在体量上、高度上还是在建筑的豪华程度上,均在全园占绝对优势(台基高 20 m,阁高 41 m,阁顶距湖面垂直高度达81.5 m,阁比山顶还要高 20 m 以上)。为了陪衬主体,在佛香阁两侧分别建有转轮藏、写秋轩和宝云阁、画中游等建筑。轴线并没有在高潮处结束,而是在山顶处布置了众香界、智慧海两组小建筑以作为整个建筑群轴线的结景。这种处理就像一曲用建筑谱写的“乐章”,给人以美的享受。

导游线在平面布置上宜曲不宜直,园路的曲折变化通过栏杆表现出来。立面设计也要有高低变化,这样易达到步移景异、层次深远、高低错落的景观效果。在小型公园中导游线宜迂回靠边,这样可拉长距离,使游人不觉园之小。

2. 风景视线

公园中的导游线是平面构图中的一条“实”线,而风景视线则是构图中的一条“虚”线,风景视线既可以与导游线的方向一致,也可以离开导游线作上下纵横各个角度的观赏。

风景视线的设计需在“显”、“隐”二字上下功夫,在手法上主要有以下 3 种。

(1)开门见山的风景视线

这种手法景观突出、气势雄伟,多用于纪念性园林、西方现代园林,如北京天坛公园、南京中山陵园等。

（2）半隐半现的风景视线

在山地丛林地带，为创造一种神秘气氛，多用此种手法。如苏州虎丘，山顶的云岩寺隋塔很远就可看到，但行至虎丘近处塔影消失。进入山门，隋塔又在树丛中隐约出现。游人在寻觅主景的过程中观赏沿途景色。待来到千人石、二仙亭等所组成的空间时，隋塔和虎丘、剑池同时展现，游览进入高潮。在整个游览过程中，隋塔的若隐若现更激发了游人游览的兴趣。

（3）深藏不露的风景视线

深藏不露是指景区、景点掩映在山峦丛林之中，由远处观赏仅见一些景点的建筑屋顶等。近观则全然不见所要寻找的景点，这时只能沿园中道路探索前进，由风景甲到乙、丙、丁等，游人在游览的过程中不断被吸引，被鼓励，直至进入高潮，登高寻找来时路径，回味寻找过程中的种种乐趣。这种风景视线在地形起伏较大、树木茂密的风景游览区中常常采用。

6.3.4　生态设计

在全球性的环境恶化与资源短缺面前，以研究人类与自然间的相互作用及动态平衡为出发点的生态设计思想开始形成并迅速发展。近现代园林设计的生态思想发展最早和最快的是以美国为代表的欧美发达国家和地区，并由此引发和推动了世界其他地区生态设计的演变和发展。体现生态思想，运用生态学原理和技术方法已经成为现代园林设计中的一个潮流。在公园设计中，生态思想要贯彻到整个设计的过程和理念中，充分运用现代的生态技术，如：保护表土层、不在容易造成土壤侵蚀的陡坡地建设、保护有生态意义的湿地与水系、按当地群落进行种植设计、多用乡土树种等。

任何与生态过程相协调，尽量使其对环境的破坏影响达到最小的设计形式都称为生态设计。景观与城市的生态设计反映了人类的一个新的梦想，一种新的美学观和价值观，即人与自然之间真正的合作与友爱关系。生态设计不是一种奢侈，而是必须；生态设计是一个过程，而不是产品；生态设计应该是经济的，也必须是美的。

生态设计主要有以下4种类型。

1. 自然式设计

自然式设计采用与传统的规则式设计相对应的植物群落设计和地形起伏等的处理，从形式上表现为将自然，即阳光、地形、水、风、土壤、植被及能量等，引入城市的人工环境中，从而让城市居民重新感到雨后溪流的暴涨、地表径流汇于池塘；通过枝叶的摇动，感到自然风的存在；从花开花落，看到四季的变化；从自然的叶枯叶荣，看到自然的腐烂和降解过程，引导人们体验自然，唤醒人们对自然的关怀。

2. 乡土化设计

乡土化设计即通过对基地及其周围环境中植被状况等自然史以及人文等社会史的调查研究，使设计切合当地的自然条件和社会条件，以此来凸显当地的景观特色。

一个适宜于场所的生态设计，必须首先考虑当地人或是传统文化给予设计的启示。因为在当地人的生活空间中，一草一木，一水一石都是有意义的，他们关于环境的知识和理解将给生态设计提供宝贵的经验。

使用当地材料,包括植物和建材,是设计生态化的一个重要方面。乡土物种不但最适宜于当地生长,管理和维护成本最少,还因为物种的消失而成为当代最主要的环境问题。所以保护和利用地带性物种也是时代对景观设计师的要求。

如德国植物社会学家蒂克逊的理论要点是用地带性的、潜在的植物种,按"顶极群落"原理建成生态绿地。他的学生、国际生态学会会长、日本专家宫胁昭教授用 20 余年时间在全世界 900 个点实践该理论并取得了成功。用这种方法建成的生态绿地具有"低成本、快速度、高效益"的优点,国际上称它为"宫胁昭方法"。宫胁昭教授用当地的特别是当地的潜在的优势树种,通过播种育苗,经过 1.5 ~ 2 年育成 30 ~ 50 cm 高粗的壮苗,直接与组成"顶极群落"中高 1 ~ 1.5 m 的伴生树种一起栽种在生态绿地上,经过 3 年精心养护,在日本横滨、大阪一带,壳斗科的常绿树种就能长到 2 m 高,以后不用人工养护,靠自然力平衡每年可长高 1 m,6 ~ 8 年后就能成林,出现了近似自然的植物群落。

3. 保护性设计

保护性设计是指对区域的生态因子和生态关系进行科学的研究分析,通过合理设计减少对自然的破坏,以保护现状良好的生态系统。地球上的自然资源可分为再生资源(如水、森林、动物等)和不可再生资源(如石油、煤等)。要实现人类生存环境的可持续性,必须对不可再生资源加以保护和节约使用。即使是可再生资源,其再生能力也是有限的,因此对它们的使用也需要采用保本取息的方式,而不是采取杀鸡取卵的方式。

(1)保护

保护不可再生资源,作为自然遗产,只在万不得已时,才予以使用。

(2)减量

尽可能减少包括能源、土地、水、生物资源的使用,提高使用效率。设计中如果合理地利用自然如光、风、水等,则可以大大减少能源的使用。

(3)再用

利用废弃的土地、原有材料,包括植被、土壤、砖石等服务于新的功能,可以大大节约资源和能源的耗费。

(4)再生

在自然系统中,物质和能量流动是一个由"源—消费中心—汇"构成的、头尾相接的闭合循环系统,因此大自然没有废物。

4. 恢复性设计

恢复性设计是指在设计中运用种种科技手段来恢复已遭破坏的生态环境。

如德国杜伊斯堡公园就是恢复性生态设计的一个很好的实例。它原是杜伊斯堡市北部的一个废弃的钢铁厂,占地 200 hm^2。1989 年,当地市政府决定将其改建为公园,使其成为鲁尔地区绿地系统的一部分。该公园设计由曾经获得公园国际设计竞赛一等奖的慕尼黑工业大学教授彼德·拉兹夫妇承担,一期工程于 1994 年对外开放。在这样一个废弃钢铁厂的现实条件下,设计师从以下 3 个方面体现其生态设计的思想。

首先,不对钢铁厂进行大规模的彻底改造。在这样一个基地上,要拆除所有建筑物,将其夷为平地后进行重建并不是个上策。基地内有废弃的内部运输轨道系统、大量的混凝土建筑物、大型钢板和矿料堆场以及沉淀池等。设计师从艺术审美角度将其进行重新组织,并用废料加工成各种颜色,使之成为景观艺术品。开发游憩功能,如在铁路道床上铺种草坪,成功地将其改造为一种地形艺术品,参观者可以在此漫步,环顾四周景色。钢铁厂的炼钢炉、鼓风机等高大的建筑物被保留下来改造为一种安全的攀缘设施,供游人和登山俱乐部会员攀爬,也可远眺风景。工厂留下的金属框架被用来作为绿化廊的支架。

其次,重新利用厂区中原有的材料。如铸件车间的铁砖被用来铺设“金属”广场。这些大铁砖共 47 块,每块面积为 $2.5 \ m^2$,质量为 $7.5 \sim 8.5 \ t$,锈蚀的表面清洗干净后,被运到广场上整齐地排列在砂砾层上作为铺地。废弃的小型铸铁则被用来与植物一起构成了精美的花园。设计师还将遗留下来的焦炭、矿渣和矿物加工成植物栽培的介质。

再次,排水和水体净化。设计师利用原来横贯基地的一条废水排水沟作为主要排水渠道,从屋顶、公路和铺地汇集的水,可由此进入老爱斯切河。园中的污水被排入工厂原有的冷却池和沉淀池,流经旧熔渣生产线上的一个风力动力装置进行处理,以清除水中的垃圾和杂物。经过处理后的水由原有的排水沟排入老爱斯切河。

现在的公园中,登山俱乐部的会员在 60 m 高的锅炉壁上登攀,“重金属”电子乐队在炉渣堆上高歌,这里,昔日庞大的钢铁厂正在向充满生机的公园逐步演化。

6.3.5　景观解析

公园景观是由植物、建筑、地形、道路等构成要素按照构图规律组成的。

所谓“构图”,即组合、联系、布局的意思。公园绿地的性质、功能等是公园艺术构图的依据;园林材料、空间、时间是构图的物质基础。

①公园构图必须把公园的功能要求和艺术要求以及公园的立地条件(地形、植被等)作为一个完整的统一体加以考虑。

②公园构图应是以自然美为特征的空间环境设计,而不是单纯的平面构图。构图时,应对空间的大小、性质加以考虑。

③公园构图是综合的造型艺术,园林美是自然美、建筑美、绘画美、文学美的综合。构图时,要充分利用这些艺术门类的表现手法。

④公园中的植物、山水等景观都随时间、季节而发生变化。春夏秋冬植物景色各异、山水变化不同,构图时要考虑时间因素。

⑤公园构图还受所在地区的自然条件、经济、政治、文化等因素的影响。自然条件如日照、气温、降水量、地理位置、植被资源、土壤类型等;社会文化如城市规模、城市性质、风俗习惯、经济、文化、交通等方面的状况等。

6.4　公园规划设计的内容和步骤

6.4.1　公园规划设计的内容

1. 现状分析

对公园用地的情况进行调查研究和分析评定,为公园规划设计提供基础资料。

①公园在城市中的位置,附近公共建筑及停车场地情况,游人的主要人流方向、数量

及公共交通情况,公园外围及园内现有的道路广场情况,公园性质、走向、标高、宽度、路面材料等。

②当地多年积累的气象资料,每月最低的、最高气温及平均气温、水温、湿度、降水量及历年最大暴雨量,每月阴天日数,风向和风力等。

③用地的历史沿革和现在的使用情况。

④公园规划范围界限,周围红线及标高,园外环境景观的分析、评定。

⑤现有公园植物、古树、大树的品种、数量、分布、高度、覆盖范围、地面标高、质量、生长情况、姿态及观赏价值的评定。

⑥现有建筑物和构筑物的立面形式、平面形状、质量、高度、基地标高、面积及使用情况。

⑦园内及公园外围现有地上地下管道的种类、走向、管径、埋置深度、标高和柱杆的位置高度。

⑧现有水面及水系的范围,水底标高、河床情况、常年水位、最高及最低水位、历史上最高洪水位的标高、水流的方向、水质及岸线情况,地下水的常年水位及最高、最低水位的标高,地下水的水质情况。

⑨现有山峦的形状、坡度、位置、面积、高度及土石的情况。

⑩地貌、地质及土壤情况的分析评定,地基承载力,内摩擦角度、滑动系数、土壤坡度的自然稳定角度。

⑪地形标高坡度的分析评定。

⑫风景资源与风景视线的分析评定。

2. 全园规划

全园规划是指确定整个公园的总体布局,对公园各部分作全面的安排。常用的图纸比例为 1:1 000 或 1:2 000。

①公园的范围,公园用地内外分隔的设计处理与四周环境的关系,园外借景或障景的分析和处理。

②计算用地面积和游人量,确定公园活动内容,需设置的项目和设施的规模,建筑面积和设备要求。

③确定出入口位置,并进行园门布置和汽车停车场、自行车停车棚的位置安排。

④公园活动内容的功能分区,活动项目和设施的布局,确定园林建筑的位置和组织建筑空间。

⑤划分景区,确定景点或"园中园"的内容及位置。

⑥公园河、湖水系的规划,水底标高、水面标高的控制,水工构筑物的设置。

⑦公园道路系统、广场的布局及组织导游线。

⑧规划设计公园的艺术布局、安排平面及立面的构图中心和景点、组织风景视线和景观空间。

⑨地形处理、竖向规划、估计填挖土方的数量、运土方向和距离,进行土方平衡。

⑩园林工程规划,护坡、驳岸、挡土墙、围墙、水塔、水工构筑物、变电间、厕所、化粪池、消防用水、灌溉和生活给水、雨水排水、污水排水、电力线、照明线、广播通信线等管网的

布置。

⑪植物群落的分布、树木种植规划,制订苗木计划,估算树木规格与数量。

⑫公园规划设计意图的说明、土地使用平衡表、工程量计算表、造价概算表、分期建园计划。

3. 详细设计

在全园规划的基础上,对公园的各个地段及各项工程设施进行详细的设计。常用的图纸比例为 1:500 或 1:1 000。

①主要出入口、次要出入口和专用出入口的设计。包括园门建筑、内外广场、服务设施、园林小品、绿化种植、市政管线、室外照明、汽车停车场和自行车停车棚等的设计。

②各功能分区的设计。各区的建筑物、室外场地、活动设施、绿地、道路广场、园林小品、植物种植、山石水体、园林工程、构筑物、管线照明等的设计。

③园内各种道路的走向,纵横断面、宽度、路面材料及做法、道路中心线坐标及标高、道路长度及坡度、曲线及转弯半径、行道树的配置、道路透景视线。

④各种园林建筑初步设计方案,平面、立面、剖面、主要尺寸、标高、坐标、结构形式、建筑材料、主要设备。

⑤各种管线的规格、管径尺寸、埋置深度、标高、坐标、长度、坡度或电杆灯柱的位置、形式、高度,水、电表位置,变电或配电间位置、广播室、广播喇叭位置,室外照明方式和照明点位置,消防栓位置。

⑥地面排水的设计。包括分水线、汇水线、汇水面积、明沟或暗管的大小、线路走向、进水口、出水口和窨井位置。

⑦土山、石山设计。包括平面范围、面积、坐标、等高线、标高、立面、立体轮廓、叠石的艺术造型。

⑧水体设计。包括河湖的范围、形状、水底的土质处理、标高,水面控制标高、岸线处理。

⑨各种建筑小品的位置、平面形状、立面形式。

⑩园林植物的品种、位置和配置形式。确定乔木和灌木的群植、丛植、孤植及绿篱的位置,花卉的布置,草地的范围。

4. 植物种植设计

依据树木种植规划,对公园地段进行植物配置。常用的图纸比例为 1:500 或 1:200,包括以下内容:

①树木种植的位置、标高、品种、规格、数量。

②树木配置形式:平面、立面形式及景观,乔木与灌木、落叶与常绿、针叶与阔叶等树种的组合。

③蔓生植物的种植位置、标高、品种、规格、数量、攀缘与棚架的情况。

④水生植物的种植位置、范围、水底与水面的标高、品种、规格、数量。

⑤花卉的布置:花坛、花境、花架等位置、标高、品种、规格、数量。

⑥花卉种植排列的形式:图案排列的式样,自然排列的范围与疏密程度,不同的花期、色彩、高低的组合,草本与木本的组合。

⑦草地的位置、范围、标高、地形坡度、品种。

⑧园林植物的修剪要求,自然的与整形的形式。

⑨园林植物的生长期,速生与慢生品种的组合,在近期与远期需要保留、疏伐与调整的方案。

⑩植物材料表:品种、规格、数量、种植日期。

5. 施工详图

按详细设计的意图,对部分内容和复杂工程进行结构设计,制定施工的图纸与说明。常用的图纸比例为 1:100、1:50 或 1:20。

①给水工程:水池、水闸、泵房、水塔、水表、消防栓、水龙头等的施工详图。

②排水工程:雨水进水口、明沟、窨井及出水口的铺饰,厕所化粪池的施工图。

③供电及照明:电表、配电间或变电间、电杆、灯柱、照明灯等的施工详图。

④广播通信:广播室施工图,广播喇叭的装饰设计。

⑤煤气管线,煤气表具。

⑥废物收集处,废物箱的施工图。

⑦护坡、驳岸、挡土墙、围墙、台阶等园林工程的施工图。

⑧叠石、雕塑、栏杆、踏步、说明牌、指路牌等小品的施工图。

⑨道路广场硬地的铺饰及回车道、停车场的施工图。

⑩园林建筑、庭院、活动设施及场地的施工图。

6. 编制预算及说明书

对各阶段布置内容的设计意图、经济技术指标、工程的安排等用图表及文字形式说明。

①公园建设的工程项目、工程量、建筑材料、价格预算表。

②园林建筑物、活动设施及场地的项目、面积、容量表。

③公园分期建设计划,要求在每期建设后,在建设地段能形成园林的面貌,以便分期投入使用。

④建园的人力配置:工种、技术要求、工作日数量、工作日期。

⑤公园概况:在城市园林绿地系统中的地位、公园四周情况等说明。

⑥公园规划设计的原则、特点及设计意图的说明。

⑦公园各个功能分区及景色分区的设计说明。

⑧公园的经济技术指标:游人量、游人分布、人均用地面积及土地使用平衡表。

⑨公园施工建设程序。

⑩公园规划设计中要说明的其他问题。

为了表现公园规划设计的意图,除绘制平面图、立面图、剖面图外,还应绘制轴测投影图、鸟瞰图、透视图和制作模型,以便更形象地表现公园设计的内容。

6.4.2　规划设计的步骤

由于公园绿地的功能日益增多,造园技术日益复杂,在实际工程中常常是统一规划,分工协作。如园林规划负责公园的总体规划(包括公园范围、大门入口、功能分区、道路系统、绿化规划等);园林工程负责公园的各项工程的规划与设计(如给排水、供电、广播通信、护坡、驳岸等);园林植物负责公园的绿化规划和种植设计。但对一些面积较小、设施较简单的公园绿地,则可统一进行。公园规划设计通常有以下4个阶段。

1. 深入探讨目的

公园规划设计时,无论是多么简单的设计,也要具备很多条件,何况建设数十公顷乃至数百公顷的市区级综合性公园,它的条件可以说是无数的。这些条件大致分为3类,即建设公园的目的、为实现目的可能受到的各种限制、解决问题的方法。

(1)明确目的

"目的"这个词在这里可以理解为公园的功能。公园的功能不仅指游憩、观赏、利用的效果,而且还包括环境保护、美化环境等环境效益。

努力理解和认识目的,从设计之初到设计的各个阶段都是非常必要的。公园的设置目的通常是从综合利用的角度来考虑的。例如某城市决定在市区内建一个纪念性公园,规划时不仅要求突出其纪念性这一主题,有时候亦会要求在园址上同时设置儿童游戏场或风景游憩区等,如长沙烈士公园、南京雨花台烈士陵园等。这里所说的明确目的、评价目的以及对他们进行适当的安排,本身就是一种设计。

同时必须收集、整理为实现目的而必需的资料,如计划在哪个纪念性公园里设置一个儿童游戏场,它的面积、位置、设施的种类如何? 它和纪念区如何协调? 空间如何过渡等。对这些问题都要深入细致地进行分析,并加以调整。有时候为了帮助理解,亦可以采用比较、自我提问的方式来探索和明确目的。

(2)明确限制

即使明确了公园的设置目的,但设计能否满足要求、达到标准,还取决于是否了解各种限制因素。切合实际的设计应该是在限制因素的范围内加以考虑。

1)预算的限制

在现实情况下任何费用不受限制是不可能的。城市公园的建设投资一般多由国家拨款(也有个人、集体投资兴建的),且款额有限,因此设计时不仅要了解公园规划设计的任务情况,建园的审批文件、征收用地的情况,还应了解建设单位的特别要求、经济能力、管理能力等。

2)公园用地和环境的限制

为明确限制需进行以下调查:

①自然环境调查:气象、地形、地质、土壤、水系、植物、动物、景观的个性。

②人文环境调查:历史、土地利用、道路、上下水管道等的现状情况和规划及其在整体规划中的地位,材料及资料,技术人员、施工机械状况。

③用地现状调查:方位、坡度、边界线、土地所有权、建筑物的位置、高度、式样、个性、植物、土壤、日照时间、降水量、地下水位、遮蔽物和风、恶臭、噪声、道路、煤气、电力、上下水管道、排水、地下埋置物、交通等。

④利用者的要求调查:功能的要求(主要使用方式)、美的要求(内容与形式)、利用的界限条件(时间、地点、年龄)。

以上调查应达到什么样的精度,可根据现有资料状况、预算及时间限制、设计精确度要求等的不同来确定。需要注意的是,在调查的过程中除了考虑有利因素,还要仔细考虑设计中的不利因素。

3)技术的限制

为了满足公园设计的目的,要明确选用什么样的设施和材料、什么结构才能达到安全、经济美观的效果。此外,建筑施工的条件、技术力量和建筑材料的供应情况等,都应考虑。特别是植物配置,不仅要考虑气候等因素对植物的限制,还应考虑园地的土质、地下水位、病害虫等对植物的限制。

4)政策、法规的限制

国家在公园建设中制定了有关方针、政策以及主管部门提出的一些具有指导意义的建议等。如公园建设应以植物造景为主;公园中建筑的占地比例为公园陆地总面积的1% ~3%等。

以上 4 条限制,就是设计的前提条件。对此,如果不努力加以研究和分析,中途就会发生大的变动或返工。

(3)出色的公园设计手法

很好地掌握了公园设计的目的,做完了各种调查,这时如何把这些杂乱的资料归纳在一个系统的设计之下,则是设计的关键。为此,了解相似的优秀的公园设计实例,对于开阔设计思路,提高设计能力是十分有效的。同类的公园即使其规模和设施不同,但也有很多共同点。无论是综合性公园、儿童公园、植物园或动物园,还是纪念性公园,都有很多优秀的实例,都是前人的努力和经验积累的成果。了解这些实例,不是照猫画虎,生搬硬套,而是要了解它的来龙去脉、成功的经验和不足之处,以此作为自己设计的借鉴。同时,还可以参观其他同类的公园,看看他们解决问题的手法。有条件时,应多翻阅一下世界各国,尤其是公园建设水平比较高的国家此类公园的设计手法。

2. 资料的整理和评价

在第一阶段,已经收集了有关公园设计的目的资料和对设计的限制资料,以及同类公园实例资料。但这些都是孤立的资料,本阶段就是要对它们进行整理和评价,为后面的规划设计工作打下基础。

在调查设计的过程中收集到的资料,都是设计所必需的。但其重要程度及其相互之间的关系并不太明确。哪个资料重要,哪个资料次要,以及如何利用这些资料为设计工作服务等具体问题,往往使初稿设计者束手无策。其实,解决问题的方法很简单,即在充分理解造园目的的基础上,对广泛收集的资料进行归纳、整理,并从功能和造景两方面对所掌握的资料进行科学、合理的评价。由于各种公园自然条件等的差异,其评价工作亦不相同,现举一简单例子:

平地:土质稳定,靠近城市街道的平地;可作活动的场地或缓坡地;可作活动场地或风景游憩地的沙石地面;视线开阔,邻近水面的平地、缓坡地。

水面:可供划船的河;可供游泳的江;可供饮用的井、泉;可供观赏、借景的湖、海、水库等;可供造景的山塘、溪流。

山地:视线开阔的眺望点;较为平坦的台地或鞍部;造型奇特的山峰或怪石;幽静清新的山涧或谷地。

植物:观赏价值较高的古树名木;可供休息、活动的疏林地;林相较好的树丛、树林;季相变化明显、观赏价值较高的大片树林;生长较好的乡土树种;野生花卉资源。

道路:可供利用的简易公路;富有野趣的山间小路;有观赏价值的小桥、汀步。

历史、文化:历史悠久的名胜古迹;影响较大的民间传说;浓郁奇特的风土民情。

其他:富有地方特色的建筑形式;特有的动物资源;气象因子(日昼、冰雪等)的景观效果;城市的市花、市树等。

3. 方案设计

(1)方案构思

1)基本构思

所谓基本构思,就是指设计开始阶段,在头脑中要进行一定的酝酿,对方案的发展方向有一个明确的意图,这和绘画创作中的"立意"的意思是异曲同工的道理。在园林设计中,基本构思的好坏对整个设计的成败有着极大的影响,特别是一些复杂的设计,面临的矛盾和各种影响因素很多,如果在一开始就没有一个总体设计意图,那么在接下来的工作中就很难准确地把握整体的设计思路。反之,一开始就有明确合理的设计构思,局部的小问题就相对容易解决了。所以,从设计的起始就要有意识地注意这一方面,这是十分重要的。

现以两个简单的题目为例说明基本构思的产生过程。

①某办公楼的前庭绿化:

功能——衬托办公楼建筑,美化环境,疏散人流、车流;

位置——正对大门出入口以及大楼周边的台地上;

布局——以周围建筑的规则走势为导向;

要求——形成稳定、清新、整洁的环境气氛;

设计——可考虑以大片草地为主,配以花坛、水池、喷泉等。

②幼儿园两座楼之间的绿化:

功能——供小朋友休息娱乐、集中活动;

布局——以有固定形状的绿化配置为主,可将植物修剪成小动物的形状,让小朋友能更加亲近大自然;

要求——形成一个可供小朋友休息娱乐的轻松、活泼的绿化环境;

设计——从形式上考虑植物景观,配以休息的小桌子、小凳子,可以考虑能够移动,自由组合,充分发掘小朋友的创造能力。

从上面两个例子可以看到,首先,基本构思不是凭空产生的,它是以对题目的全面了解和园林特点的准确分析为基础的;其次,基本构思的内容除考虑园林绿地的功能,以及建筑、植物、山石、水体、道路的全面布局外,还要考虑工程艺术的规律,以及建筑单位的人力、物力、财力的负担能力;再次,基本构思的体现需要相应的技巧,即构图与表现能力。

2)徒手绘草图

徒手绘草图在园林规划设计中有 2 种形式,即铅笔草图和彩色水笔草图。

①铅笔草图:徒手绘制铅笔草图,是园林设计中必须掌握的一项基本功。很多初学者认为徒手画图不能精确表达空间尺寸而不习惯或是不坚持,这是不对的。其实,这并不是

单纯地制图,在这一过程中,设计者一面动手画图,一面思考设计中的问题,手、眼、脑并用,它们之间要求具有敏捷的联系,使用铅笔徒手绘图,就会有这样的优势。在一开始练习的时候,线条可能会有些生硬,但经过一段时间的练习,一定能画出有弹性、有灵气的线条。一旦很好地掌握了徒手绘图的能力,设计者就能在短时间内把设计的主要意图表现出来。

②彩色水笔草图:现在使用比较多的彩色水笔一般是指马克笔,因其色彩醒目,书写流利,很受设计者的欢迎。其优点是美观、醒目、画图快,但不容易掌握,画面容易表达错误,因此需要经常练习,且下笔前要准确思考。

无论是采用铅笔还是彩色水笔,做方案时,都要使用半透明的草图纸(又称拷贝纸)。因为任何一种方案构思的开始阶段,总难免有多种欠缺,且又不可将其轻易否定,也不应该在同一张纸上做过多的修改或者擦掉重画。而应该用草图纸逐张在原图上修改,这样不但可使设计的思路得以连贯的发展,而且有利于设计工作由粗到细逐步深入下去。

(2)方案设计

这个阶段对设计者来说,付出的心血最多,但所得的喜悦也最大。此时的任务,主要是通过绘制大量的草图,把自己的基本构思表现出来,并根据手中掌握的资料,将设计不断地深入下去,直至最后做出自己认为比较满意的基本设计方案,具体做法如下:

1)由平面图开始

设计草图一般可由平面图开始,因为公园绿地的基本功能要求在其平面图里反映得最为具体,如功能分区、道路系统以及景区、景点、各景物之间的联系等,这些都是规划中将要遇到和考虑的问题。有经验的设计者在作平面图的同时,对其立面、剖面及总的景观已有了相应的设想,对初学者来说,由于缺少锻炼,空间和立体的概念不强,难以做到这一点。因此,可在开始动手的一段时间内先把主要力量放在平面图的研究上。

2)画第一张草图

用半透明的草图纸蒙在所设计的公园现状图(或地形图)上,根据基本构思的情况,在草图纸上按照大致的尺寸和园林平面图的图例,徒手描画。通过描画,即可产生第一张平面草图,这头一张草图势必有不少的毛病,甚至称不上一个方案,但无论如何,它已经开始把设计者的思维活动第一次变成了具体的图纸形象。

3)分析描绘

通过对第一张草图的分析,找出问题(如道路坡度太大、水池形状太简单等),便可很快地用草图纸蒙在它上面进行改进,绘出第二张、第三张、第四张草图,每一张草图又有不同对象比较。通过描画比较,将好的方案继续作下去,使设计工作从思维到形象,又从形象到思维,不断往复深入下去。

4)平、立、剖配合

公园绿化设计的平面不是孤立存在的,每一种平面的考虑实际上都反映着立面或剖面的关系。因此,对平面做过初步的考虑后,还应从平、立、剖三方面来考虑所设计的方案。同时,还可以试着画一些鸟瞰图或透视图,或做些简单的模型,这对初学者学习如何从平、立、剖整体去考虑问题很有好处。

5）方案比较

画过一遍平、立、剖面图后，表示设计者已经初步接触到了公园绿地各方面的问题，对各种关系有了比较全面的了解，这时应集中力量做更多的方案尝试，探讨各种可能性。最后可将所做方案归纳为几类，进行全面地比较，与当初进行目的探讨时的设想对照，明确方案的基本构思，选出自己认为满意的方案。

总之，园林设计是一门综合性很强的工作，它涉及的知识面很广，即使是同一类型的公园绿地，也会因各种具体的变化而有所不同。因此，在设计过程中应广泛听取各方面的意见（主管部门、当地居民等），有时，自己也要作为一名当事人，到所设计的地段经常去走走，体会一下人们的心理需求，这样设计出来的方案，就比较切合实际。

（3）设计方案的选择

方案作成以后，假如是受委托设计的，就要征求委托者的意见。一般需经上级主管部门审批同意后，方可进行各种内容和各个地段的详细设计，包括植物的种植设计等。

当方案定稿后，人们可能会提出种种意见，越是涉及根本问题，越不容易接受。但是，为了得到一个优秀的设计方案，就需要集思广益，吸取合理的意见作为综合比较、修改时的参考。

另外，现代社会日趋走向专门化。培养掌握全面业务和有综合能力的设计工作者也越来越困难。俗话说"因小失大"，即不能因为纠正局部错误而贻误全局。应该注意，过分尊重部分专家或领导的意见，有时也会出现使整个设计意图含糊不清的情况，甚至连表现什么都弄不清楚。

较好的办法是将图纸挂在自己的桌前墙上几天，仔细端详观望，并不断地反复观察，推敲与思考规划布置是否合理、优美，整体与局部的处理是否协调统一，特别是对意见分歧较大的问题或对提意见较多的部分进行思考。构思这种东西，是不断随着实践经验的积累、修养的提高而深化的，最初是在非常模糊的感性经验中出现的，它仅仅采用对目前新的问题有用的经验和知识。尤其是在夜深人静之时，平心静气地将精力集中在规划设计图上，进行认真地思考，可帮助你判断意见的好坏，并决定是否采用，以及如何采用等。有时，还可将图纸暂时放几天，不去理它，过几天再来看，也会看出一些问题，这就好比水果、蔬菜采摘下来有一个"后熟"的过程，思维、设计也是如此。

4. 详细设计

基本设计方案的决定，对设计者来说，只是决定了设计的框架，即总体结构，但它还不是一个可以实践的具体方案。因此，详细设计的主要任务是将已基本确定的方案做进一步的修改和细致的推敲，将前阶段中未深入考虑的各个局部、细节逐一具体化，并绘制详细设计的各种正式图。

首先，大致在1∶500的平面测量图及1∶50～1∶500的断面测量图上确定土地修整，园地、园路、各种设施的边界和设施内容，在纵断面图上绘制立体结构。在这个阶段，可把第一阶段收集来的并经过整理和评价的资料充分利用。这时，重要的是把设计意图，特别是造景意图贯彻到园地、园路、设施和构造物的每个角落。如果忽视这种努力，在公园中将会使河川、道路或苗圃成为不符合实际的水流、园路和树丛。

其次，遇到难解决的问题时，不要只依靠自己迄今所知道的办法轻易地去解决。自己知道的办法可能是一个固定观念,是否就是解决该问题的最好方法往往值得怀疑,最好是调查国内外类似问题的解决方法,或是倾听老前辈的意见,两者都不可能时,就把头脑变成真空,重新考虑。

此外,还应编制预算说明书。比例尺的采用应根据设施而定。一般园地或植物种植用的图纸为 1∶200 左右,设施和构造物详图为 1∶30 ~ 1∶10。在场地整理方面用纵断面图和挖土、填土的土方量计算书,有关各部分的详图、材料、色彩等,不能用图表示的,要按次序作成说明书。

需要注意的是,在详细设计的过程中,不要忘记公园的设计意图,把每一种材料、每一个构造有效地利用到设计的意图上,该用的用,该去的去,简捷、朴素地完成设计任务。

公园规划设计的步骤根据公园面积的大小、工程复杂的程度,可按具体情况增减。如公园面积很大,则需先有总体规划;如公园面积不大,则公园规划与详细设计可结合进行。

公园规划设计后,进行施工阶段还需制定施工组织设计。在施工放样时,对规划设计结合地形的实际情况需要校核、修正和补充,在施工后需进行地形测量,以便复核整形。有些园林工程内容如叠石、塑石等,在施工过程中还需在现场根据实际情况,对原设计方案进行调整。

复习思考题

1. 城市公园绿地有哪些类型? 怎么区别?
2. 公园绿地有哪些指标? 应该怎么计算?
3. 公园规划设计的步骤如何? 有哪些内容?

第 7 章　现代城市广场规划设计

　　广场是国家、政府举行重大活动的主要场所,它为国家、政府提供了举行国务活动、集会、游行检阅所需的空间。广场是人民群众陶冶情操、休闲娱乐的场所,它为市民文化活动如音乐、舞蹈、戏曲、服饰表演以及节日文化活动提供了宽广的空间。广场是旅游观光的集散中心,其多为城市的政治、商业、文化最集中的地区。广场又是带动城市经济发展的寸金之地,还是人民群众强身健体的场所。因此,在现代城市规划中,越来越重视广场的建设。

　　追溯广场的形成以及发展历史,不难看出,广场是一个具有久远历史的建筑形态,它是由自发无序的综合形态逐渐转变为有序、类型化的发展过程。从某种意义上说,广场的形成与发展贯穿着人类精神活动的各个层面。

　　广场的作用和意义,在今天的现代化城市中不仅具有以上特点,它的作用还可以体现在帮助人们减轻在快速运转的城市中所带来的心理压力,给人们留出一块"喘息"之地。

　　广场一般是指由建筑物、道路和绿化地带等围合或限定形成的、开敞的公共活动空间,是城市、乡镇的公共社会生活中心。广场是可以集中反映城市、乡镇历史文化和艺术面貌的主要城市外部公共空间,也是构成城市、乡镇公共空间特色的重要组成部分。

　　城市广场是城市中建筑物等围合或限定的城市公共活动空间,通过这个空间把周围的各个独立的组成部分结合成整体。它作为城市中的公共空间环境的主要形态之一,越来越受到人们的重视与关注,其城市功能和社会作用日益突出。

7.1　现代城市广场的定义、分类和作用

7.1.1　广场的定义

　　广场的定义,从广义角度来讲是十分宽泛的,这与广场的形成历史和发展特点有关。人类在没有掌握建筑生产的时期,主要是在空旷的场地上活动。后来人类逐渐掌握房屋建造技术,形成了许多建筑内部空间,这样就产生了室内与室外两种不同空间场所,而人们将室外空间场所称为广场。广场的广义形态可分为两大类:第一类,是以内部的空间为特征的有限定的场所、场地。这种场地,是由围合物、覆盖物所形成的空间场所或场地。第二类,是以外部的空间为特征的无限定的场所、场地。这种场所、场地是由围合物而无覆盖物所形成的空间场所、场地。

　　从文字学角度来分析广场,古代的"广"有大、阔的意思。《辞海》中的"广",其意思是大、宽阔。"广"还通"旷",表示开阔。广,本义是指有大覆盖而无四壁之屋,从古文字学角度解释广,"广"的繁体字"廣"由"广"与"黄"组合而成,古文字"黄"通"横",所以"广"有横陈之义。广还指地之面积,宽度为广。古代以东西长度为广,南北长度为袤。

地旷,有地广人稀之说。

广还是春秋时楚国兵制,兵车十五辆为一广。

场的概念是指具有容纳空间的范畴和空间范围特征,又与古代所称的所、园、苑、庭院等概念相近。

场,平坦的空地。古文字解释中认为,场像未种植之空地,《说文》解释"场"为田不耕。小篆的"场"字是从土易声,本义作"祭神道"解,是指祭神所用的广场,需要土地以资利用,所以从土又以易为阳之初文,含有开朗之意味。古代祭神广场必须开朗,所以场从易声。古代还有筑土为坛,劈地为场之说。

同一空间场,由于不同的人事的介入,使得广场空间使用发生变化,派生出许多与广场本义具有联系又区别的概念。它们是市场、剧场、舞场、商场、体育场、球场、战场、冰场等,以及与场概念有关的其他词汇,如上场、下场、场地、场所、场合、场面、场景等。

还有更为重要的方面,场产生的根本原因是人的生理和精神方面运动的需要。人因运动而必须有相适应的空间,这个空间就是场,又可称为空间场所。任何生物、生命运动都需要有与自身运动相适应的空间场所,由于他们的运动方式不同,表现出的空间场所形态也不同。

7.1.2 广场的分类

广场包括的类型是比较多的。广场的分类,主要是从广场使用功能、尺度关系、空间形态和材料构成几个方面的不同属性和特征来进行的。

1. 以广场的使用功能分类

①集会性广场:政治广场、市政广场、宗教广场等。

②纪念性广场:纪念广场、陵园、陵墓广场等。

③交通性广场:站前广场、交通广场等。

④商业性广场:集市广场等。

⑤文化娱乐休闲广场:音乐广场、街心广场等。

⑥儿童游戏广场。

⑦附属广场:商场前广场、大公共建筑前广场等。

2. 以广场的尺度关系分类

①特大尺度广场:特指国家性政治广场、市政广场等。这类广场用于国务活动、检阅、集会、联欢等大型活动。

②小尺度广场:街区休闲广场、庭院式广场等。

3. 以广场的空间形态分类

①开敞性广场:露天市场、体育场等。

②封闭性广场:室内的商场、体育馆等。

4. 以广场的材料构成分类

①以硬质材料为主的广场:以混凝土或其他硬质材料做广场的主要铺装材料,分素色和彩色两种。

②以绿化材料为主的广场:公园广场、绿化性广场等。

③以水质材料为主的广场：大面积水体造型等。

7.1.3　广场的作用

广场不仅是城市中不可缺少的有机组成部分，它还是一个城市、一个区域具有标志性的主要公共空间载体。拿破仑曾把意大利的圣马可广场誉为"欧洲最美丽的客厅"。

广场一般是为满足城市、乡镇、区域性空间的功能的要求而设置的，是提供人们社会活动的空间。除供居民游览休息外，在广场上还可组织集会、商品交易等活动。广场一般在周围布置一定的建筑和设施，它能表现城市的艺术面貌和特色。

在城市、乡镇、区域性空间中，广场的数量、面积的大小、分布的位置应根据城市、乡镇、区域性空间的性质、规模和广场本身功能要求做出系统安排。

7.2　现代城市广场的类型和特点

7.2.1　集会广场

集会广场包括政治广场、市政广场和宗教广场等类型。集会广场一般是指用于政治、文化集会、庆典、游行、检阅、礼仪、传统民间节日活动的广场，这类广场不宜过多布置娱乐性建筑和设施。

集会广场一般都位于城市中心地区。这类性质的广场，也是政治集会、政府重大活动的公共场所。如天安门广场、上海人民广场、兰州市中心广场等。在规划、设计时，应根据群众集会、游行检阅、节日联欢的规模和其他用地的需要，同时要注意合理地组织广场内和相接道路的交通路线，以保证人群、车辆的安全及迅速汇集与疏散。

集会广场中还包括宗教广场，它一般布置有教堂、寺庙及祠堂等，可供举行宗教庆典、集会、游行。宗教广场上设有供宗教礼仪、祭祀、布道用的平台、台阶或敞廊。历史上宗教广场有时与商业广场结合在一起，而现代宗教广场已逐渐起到市政广场和娱乐性广场的作用。

集会广场是反映城市面貌的重要部位，因而在进行广场的设计时，都要与周围的建筑布局协调，无论是平面、立面、透视感觉、空间组织、色彩还是形体对比等，都应起到相互烘托、相互辉映的作用，反映出中心广场非常壮丽的景观。

常用的广场几何图形为矩形、正方形、梯形、圆形或其他几何形的组合。不论哪一种形状，其比例均应协调，对于长与宽比例大于3的广场，在交通组织、建筑布局和艺术造型等方面都会产生不良的效果。因此，一般长、宽比例以4：3、3：2、2：1为宜。同样，广场的宽度与四周建筑物的高度也应有适当的比例，一般以3~6倍为宜。

广场及其相接道路的交通组织甚为重要。为了避免主干线上的交通对广场的干扰，在城市道路规划与设计中，必须禁止快速干道和主干道上过境交通穿越广场。有时，为了安全、整齐起见，应规定不允许载重、载货汽车进出广场。

广场内尚应设有灯杆照明、绿化花坛等，可起到点缀、美化广场，以及组织内外交通的作用。

另外,在广场的横断面设计中,在保证排水的情况下,应当尽量减少坡度,以使场地平坦。

7.2.2　纪念广场

纪念广场主要是指为纪念某些人或某些事件的广场。它包括纪念广场、陵园广场、陵墓广场等。

纪念广场是在广场中心或侧面设置突出的纪念雕塑、纪念碑、纪念塔、纪念物和纪念性建筑等作为标志物,主体标志物应位于构图中心,其布局及形式应满足纪念气氛及象征的要求。广场本身应成为纪念性雕塑或纪念碑底座的有机组成部分,在设计中应体现良好的观赏效果,以供人们瞻仰。例如上海鲁迅墓广场、哈尔滨纪念塔广场。因此,必须严禁交通车辆在广场内穿越与干扰。另外,广场上应充分考虑绿化、建筑小品等,使整个广场配合协调,形成庄严、肃穆的环境。

纪念广场有时也与政治广场、集会广场合并设置为一体。例如北京的天安门广场、哈尔滨防汛纪念广场。

7.2.3　交通广场

交通广场包括站前广场和道路交通广场。

交通广场是城市交通系统的有机组成部分,是交通连接枢纽,起交通、集散、联系、过渡及停车作用,并具有合理组织交通的作用。交通广场可以从竖向空间布局上进行规划设计,以解决复杂的交通问题,分隔车流和人流。它应满足畅通无阻、联系方便的要求,有足够的面积及空间,以满足车流、人流和安全的需要。

交通广场是人流集散较多的地方。如火车站、飞机场、轮船码头等站前广场,以及剧场、体育场、体育馆、展览馆、饭店、宾馆等大型公共建筑物前的广场,还包括道路公共交通的专用交通广场等。

交通广场作为城市交通枢纽的重要设施之一,它不仅具有交通组织和管理的功能,而且具有修饰街景的作用,特别是站前广场备有多种设施,如人行道、车道、公共交通换乘站、停车场、人群集散地、交通岛、公共设施(休息亭、公共电话亭、厕所)、绿地以及排水、照明等设施。

交通广场主要是指通过几条道路相交的较大型交叉路口,其功能是组织交通。由于要保证车辆、行人的顺利和安全地通行,交叉口应组织简捷、明了,现代城市中常采用环行交叉口广场,特别是 4 条以上的车道交会时,环交广场设计采用更多。

这种广场不仅是人流集散的重要场所,往往也是城市交通的起、终点和车辆换乘地。在设计中应考虑到人流与车流的分隔,进行统筹安排,尽量避免车流对人流的干扰,要使交通线路简易明确。对小型的专用性广场,则应根据主要功能来设计。

1. 人行道与人流集散地

人行道与人流集散地的设置,必须使行人在广场人行道上行走安全、便利。应根据广场的主要特征,行人步行的最短距离进行设计。人行道的宽度要根据集散广场的人流多少、密集程度而定,一般中等人行速度为 60 ~ 65 m/min。人流饱满时,人行速度为 45

m/min。密集时速度为 16 m/min。一般一条人行道的宽度为 0.75 ~ 1.0 m,平均人流的通行能力为 40 ~ 42 人/min。对于紧靠站前建筑的人行道,由于人流集散频繁,必须根据所调查的人流或规划的人流量进行计算。一般站前广场的人行道因行人携带行李、包袱,故行走缓慢,每条人行道的宽度按 1 m 计算。通常采用的宽度为 5 ~ 10 m。

集散广场中人流集中部分的场地,作为人流交通起、终点的场所。特别是站前广场,是城市的门户,来往旅客较多,为了提供行人滞留、等候、疏散与集合之用,通常应设计较宽的场地,并与站前人行道连成一体。为便于行人的迅速疏散,一般广场上不宜将人行道与车道或停车场之间设置分车带。对于小规模的集散广场,单设置人行道即可代替人流集中的广场。

2. 车道

车道是广场内车流疏散的重要设施。为了保证广场上的人流安全,在布置车道时,不应穿越广场中心,不宜在广场内交叉或逆行。因此,一般采用周边式反时针单向行驶的方式布置车道,并且车道出入口要尽量集中,使广场内车辆的合流、交织现象尽量减少。

车道线的设置,原则上至少有二条。一般在沿建筑物前的人行道边,还应考虑有停车线的位置,便于乘客上、下车,此停车线一般不宜划为停车部分。

3. 公共交通换乘站

公共交通换乘站也是集散广场的重要设施。从方便群众的角度考虑,换乘站一般希望距离人流集散地越近越好,但由于公共交通的种类、形式及其各自特点所限,不可能都就近布置,故需整体地统筹安排。

集散广场的公共交通有公共汽车、无轨电车、出租汽车、地下铁道,还有团体、单位的大客车、小卧车,以及大量的自行车等。

公共交通换乘站应根据其所在广场的性质及是否为起终点站、乘坐人数等情况,确定其组织交通的运行方式。

4. 交通岛、公共设施、绿化、照明

为了合理地组织广场内的交通,使车辆安全、通畅地转换方向,通常在广场内采用交通岛的方式。一般交通岛有中心岛、导向岛、分隔岛、安全岛等。导向岛、分隔岛端部宜采用一定的圆角半径,其半径最小为 0.5 m。

集散广场是交通连接的场所,对于人及车辆滞留时所需使用的一些公用设施,如公共电话、厕所、邮局等,最好予以考虑,一般宜设在与广场有关的建筑内,不得已时也可单独设置。

对于广场上的绿化、排水、照明等,将分别叙述。

7.2.4　商业广场

商业广场包括集市广场、购物广场。

商业广场是用于集市贸易、购物的广场,或者在商业中心区以室内外结合的方式把室内商场与露天、半露天市场结合在一起。商业广场大多采用步行街的布置方式,使商业活动区集中,既便于购物,又可避免人流与车流的交叉,同时可供人们休息、饮食等使用,它是城市、乡镇生活的重要中心之一。

商业性广场宜布置具有特色的广场设施。

7.2.5　宗教广场

宗教是一种社会历史现象,全世界有许多种宗教。宗教广场是宗教活动的重要场所。世界上有大量的宗教广场。由于宗教活动是人类文化活动的重要组成部分,因而大量宗教礼仪、宗教活动以及宗教节日等均在宗教广场举行。

7.2.6　雕塑广场

雕塑广场是指广场以雕塑作为主体和中心。古今中外许多著名广场都以雕塑的名字来命名,许多优秀的雕塑广场成为城市中心和主要标志。这类广场多为纪念性广场,也有一些是装饰性和娱乐性广场,主要是通过雕塑性质来决定的。

7.2.7　文化娱乐休闲广场

任何传统和现代的广场均有文化娱乐休闲的性质,尤其在现代社会中,文化娱乐休闲广场已经成为广大民众最喜爱的重要的户外活动场所。通过广场文化娱乐休闲活动,人们可以缓解精神压力和疲劳。在现代城市中,应当有计划地修建大量的文化娱乐休闲广场,以满足广大民众的需求。

7.2.8　儿童游戏广场

儿童游戏广场是广场设计的主要类型之一。儿童游戏广场的产生与发展是随着城市和居住区建设的不断完善而逐渐形成的一种新型广场设计形式。

儿童是国家与民族的未来和希望。儿童游戏广场为儿童提供了户外活动场地,使儿童有自己活动的小天地,有利于儿童的身心健康和智力开发,满足儿童活动与互相交往的心理要求。因此,儿童游戏广场的设置是人民群众生活的基本需要。

一些发达国家较早就比较重视和关心儿童游戏广场的建设,在规划、立法等方面都作出了规定。

1924 年《日内瓦儿童权利宣言》明确说明:儿童有享有游戏和娱乐充分机会的权利,各种游戏和娱乐必须与教育保持同一目的,社会和主管机关必须为促进儿童对这种权利的享有而努力。

1933 年国际建筑协会通过的《雅典宪章》中要求,在新建住宅区内,应该预先留出空地作为建造公园、运动场以及儿童游戏场之用。

1. 儿童游戏广场的分类与基本特点

儿童游戏广场一般是按不同年龄、性别和爱好进行设计的。因此,依据年龄分类是儿童游戏广场设计的重要因素。

3 周岁前的婴儿期,这个时期的儿童智力发展称为"感知运动阶段",是识别和标记时期,一般由家长怀抱或推车在户外散步、晒太阳、学走路。

3~6 周岁的幼儿期,表现为儿童具有一定的思维能力和求知欲,儿童开始了观察、测量、认识空间和逻辑思维的过程,即"直觉阶段"。这一时期儿童特别好动,喜欢玩球、掘土、骑车等。需要有家长陪伴、照看。

7～12周岁为童年期,智力发展称为"具体运算阶段",活动量增大。男孩喜欢踢球、打羽毛球等,女孩喜欢跳橡皮筋、跳舞等游戏。

由于儿童不同年龄的生长发育特点,在体力、智力与心理、生理上的差异,儿童游戏广场游戏内容设计也应与其相适应。

儿童游戏广场是城市的重要组成部分,儿童人数占市区总人数的30%左右,他们在户外的活动率,春秋季每天为48%,夏季每天为90%,冬季每天为33%。

儿童游戏广场的游戏内容根据广场规模大小不同,一般设置沙坑、秋千、攀登架、跷跷板、游戏墙、滑梯、钻洞、迷宫、小球场和小型体育活动器械等。

构成儿童游戏广场的空间基本要素是周围建筑环境、广场道路、铺装地面、绿地、水面、篱笆、矮墙和雕塑小品等,其构件均可采用质感和色彩鲜明的材料。

平面布景应活泼、富于变化,符合儿童心理特点。

2. 儿童游戏广场游戏器械类型

①摇荡式,以秋千、浪木为代表。

②滑行式,以滑梯为代表。

③回旋式,以转椅为代表。

④攀登式,以攀登架为代表。

⑤起落式,以跷跷板、压板为代表。

⑥悬吊式,以单杠、吊环为代表。

儿童游戏器械的设计、形式、材料、色彩应注重趣味性,有利于儿童的智力开发与身心健康。同时,还应注意游戏器械的适当尺度,儿童游戏一定要具备安全性、坚固性和易操作性。

7.2.9　附属广场

附属广场是指依托一些主要大型建筑前的广场,体量较小。这类广场功能具有综合性,个性特色不明确,具有随机性。如果有效地对附属广场进行设计,也可以产生许多有特色的小广场。

7.3　现代城市广场设计的基本原则

7.3.1　系统性原则

城市广场设计应该根据周围环境特征、城市现状和总体规划的要求,确定其主要性质和规模,统一规划、统一布局,使多个城市广场相互配合,共同形成开放的空间体系。

7.3.2　完整性原则

城市广场设计时,要保证其功能和环境的完整性。明确广场的功能,在此基础上,辅以次要功能,主次分明,以确保其功能上的完整性。广场不是孤立存在的,应该充分考虑它的环境的历史背景、文化内涵、周边建筑风格等问题,以保证其环境的完整性。

7.3.3　生态性原则

现代城市广场设计应该以城市生态环境的可持续发展为出发点。在设计中充分引入自然、再现自然,适应当地的生态条件,为市民提供景观优美、绿化充分、环境宜人、健全高效的生态空间。

7.3.4　特色性原则

城市广场的地方特色既包括自然特色,也包括社会特色。首先,城市广场应突出其地方社会特色,以及人文特性和历史特性。通过特定的使用功能、场地条件、人文主题以及景观艺术处理来塑造广场的鲜明特色。同时,承继城市当地本身的历史文脉,适应地方风情、民俗文化,突出地方建筑艺术特色,避免千城一面、似曾相识之感,增强广场的凝聚力和城市旅游吸引力。其次,城市广场还应突出其地方自然特色,即适应当地的地形地貌和气温气候等。城市广场应强化地理特征,尽量采用富有地方特色的建筑艺术手法和建筑材料,体现地方园林特色,以适应当地气候条件。

7.3.5　效益兼顾(多样性)

不同类型的广场都有一定的主导功能,但是现代城市广场的功能却向综合性和多向性衍生,满足不同类型的人群不同方面的行为、心理需要。因此,服务于广场的设施和建筑功能也多样化,艺术性、娱乐性、休闲性和纪念性兼收并蓄,给人们提供了能满足不同需要的多样化的空间环境。

7.3.6　突出主题原则

无论什么类型的广场,大小如何,都应该有明确的功能和主题。围绕着主要功能,明确广场的主题,形成广场的特色和内聚力与外引力。因此,不管是交通广场、商业广场,还是大型综合性广场,都要有准确的定位。在城市广场规划设计中,应力求具有突出城市广场在塑造城市形象、满足人们多层次的活动需要与改善城市环境的三大功能,并体现时代特征、城市特色和广场主题。

7.4　现代城市广场设计的内容和步骤

7.4.1　广场设计的基本方法

广场在建造之前,设计者按照建设任务书,把施工过程和使用过程中存在的或可能发生的问题,事先做好整体的构思,以定好解决这些问题的办法、方案,用图纸和文件表达出来,作为备料、施工组织工作和各工种在制作、建造工作中相互配合协作的共同依据,便于整个工程得以控制在预先设定的投资限额范围内,并使建成的广场充分满足使用者和社会所期望的各种要求,它主要包括物质方面和精神方面的要求。

1. 广场设计程序和内容

为了使广场设计顺利进行,少走弯路,少出差错,取得良好的成功,在众多矛盾和问题中,先考虑什么,后考虑什么,必须有一个程序。根据一般建筑和规划设计实践的规律,广场设计程序应该是从宏观到微观、从整体到局部、从大处到细节、从功能造型到具体构造,步步深入。

2. 广场设计的具体步骤

广场设计具体分为 5 个步骤:①广场设计的准备阶段;②广场的初步方案阶段;③广场的初步设计阶段;④广场的技术设计阶段;⑤广场的施工图和详图设计阶段。

(1)广场设计的准备阶段

在设计广场之前,首先要了解并掌握各种有关广场的外部条件和客观情况:自然条件,包括地形、气候、地质、自然环境等;城市规划对广场的要求,包括广场用地范围的红线、广场周围建筑高度和密度的控制等;城市的人为环境,包括交通、供水、供电等各种条件和情况;使用者对广场设计的要求,特别是对广场所应具备的各项使用要求,对经济估算的依据和所能提供的资金、材料、施工技术和装备等;有可能影响工程的其他客观因素。这个阶段,设计者应确定计划任务书,进行可行性研究,提出地形测量和工程勘察的要求,以及落实某些建设条件等。

(2)广场的初步方案阶段

设计者在对广场的功能和形式安排有了大概的布局之后,首先要考虑和处理广场与城市规划的关系:广场与周围建筑高低、体量的关系,广场对城市交通的影响等。

(3)广场的初步设计阶段

这是广场设计过程中的关键性阶段,也是整个设计构思基本成型的阶段。在初步设计中,首先要考虑广场的合理布局、空间和交通联系的合理流向、景观艺术效果的好坏。为了取得良好的艺术效果,还应该和结构的合理性相统一。因此,结构方式的选择应保证坚固耐久、施工方便和材料、人工、造价上的经济合适。

(4)广场的技术设计阶段

这是初步设计具体化的阶段,也是各种技术问题的确定阶段。技术设计的内容包括整个广场和各个局部的具体做法、各部分确切的尺寸关系,装修设计、结构方案的计算和具体内容,各种构造和用料的确定,各个技术工种之间各种矛盾的合理解决,道路、排水等问题的解决,设计预算的编制等。

(5)广场的施工图和详图设计阶段

施工图和详图主要是通过图纸,把设计意图和全部设计结果,包括做法和尺寸等表达出来,作为工人施工制作的依据,这个阶段是设计工作和施工工作的桥梁。施工图和详图要求明晰、周全、表达确切无误。施工图和详图工作是整个设计工作的深化和具体化,又可称为细部设计。它主要解决构造方式和具体做法的设计,艺术上的整体与细部、风格、比例和尺度的相互关系等问题。细部设计水平在很大程度上影响整个广场设计的艺术水平。

3. 做好广场设计的要求

为了做好广场设计,必须从实际出发。广场设计是一种创造性的活动,一个广场的形式和内容主要取决于设计者的主观因素和客观实际存在的各个因素。例如:广场所在地的地质、地貌、气候等自然条件,对广场使用性质、内容的要求,当地的材料情况,如何做到就地取材。城市规划部门对广场的特殊要求,特别是为了适应不同的周围环境,需要有不同的处理形式。投资者和使用对象的不同需求、不同地方的历史背景和文化传统、爱好等,这些因素都会影响广场的形式和特色。广场设计只有结合实际,综合各种条件,善于利用有利的方面,避免不利的方面,才能使所设计的广场显示出各自的特色和风格,避免千篇一律。

7.4.2　广场雕塑设计

广场雕塑是广场的主要设计手法之一。古今中外许多著名的广场上都有精彩的雕塑设计。有些广场因广场主体是雕塑,因而这个广场名字就以雕塑内容而定名。这说明广场上的雕塑对广场设计所起的特殊而重要的作用。有些优秀广场雕塑还会成为城市的主要标志。

1.广场雕塑的特征

广场雕塑多为永久性雕塑,这主要是因为雕塑材料的耐久性,其主要材料都是大理石和青铜等永久性材料,同时它还具有装饰性特征。

广场雕塑是时代精神的反映,所以广场雕塑比其他雕塑要严肃。因为广场雕塑存留时间长久,少则数百年,多则数千年,所以广场雕塑需要雕塑家和建筑师充分认识其所具有的反映社会和表现时代精神的功能。

任何广场雕塑都反映特定内容、特定地点,因而其表现特定的人物和事件就不能离开历史的关联性。具有一定的关联性才具有更强的纪念性。

广场雕塑必须从属于广场建筑环境,黑格尔在《美学》中提出:艺术家不应该先把雕塑作品完全雕好,然后再考虑把它摆在什么地方,而是在构思时就要联系到一定的外在世界和它的空间形式和地方部位。

2.广场雕塑的类型设计

根据广场雕塑所起的不同作用,可分为纪念性广场雕塑、主题性广场雕塑、装饰性广场雕塑和陈列性广场雕塑4种类型。

(1)纪念性广场雕塑设计

许多纪念性广场主要是通过纪念性雕塑的表现而加以体现的。纪念性广场雕塑必须有雕塑,而且必须以雕塑为主,以雕塑的形式来纪念人与事。

纪念性广场雕塑最重要的特点是:它在广场环境景观中处于中心或主导位置,起到控制和统帅整个广场的作用。所有广场要素和总平面设计都要服从雕塑的总立意。

纪念性广场雕塑根据需要可建造成大型和小型两种。大型纪念性广场雕塑有苏联为纪念反法西斯战争的胜利以及著名的斯大林格勒大血战而建立的"祖国—母亲"纪念性广场雕塑。纪念性广场雕塑并不一定都是大型的,比较小型的纪念性广场雕塑更为普遍。

(2)主题性广场雕塑设计

主题性广场雕塑是指通过主题性雕塑在特定广场环境中揭示某些主题。主题性雕塑同广场环境相结合,可以充分发挥雕塑和广场的特殊作用。这样可以弥补一般广场缺乏表意的功能,因为一般广场无法或不易具体表达某些思想。如全国农业展览馆广场中两组群雕,它们形象而概括地表现了新中国农业发展的新面貌。

主题性广场雕塑最重要的是雕塑选题要贴切,一般采用写实手法。

（3）装饰性广场雕塑设计

装饰性广场雕塑是以装饰性雕塑作为广场的主要构成要素。装饰性雕塑可丰富广场特色。装饰性雕塑虽然并不强求鲜明的思想性,但应强调广场视觉美感的作用。

（4）陈列性广场雕塑设计

陈列性广场雕塑是指以优秀的雕塑作品陈列作为广场的主体内容。

3.广场雕塑的选题和选址

广场是城市规划的重要内容之一,必须从城市总体规划和详细规划文件上确定位置。城市广场雕塑应注意发掘那些可以表现这个城市特色的题材,看其是否能成为这个城市的标志,成为城市特色景观。

7.4.3　广场水景设计

水景在广场空间中是游人观赏的重点,水的静止、流动、喷发、跌落都成为引人注目的景观。因此,水常常在闲静的广场上创造出跳动、欢乐的景象,成为生命的欢乐之源。那么在广场空间中,水是如何处理的呢？水可以是静止或滚动的:静止的水面,物体产生倒影,可使空间显得格外深远,特别是夜间照明的倒影,在效果上使空间倍加开阔;动的水体有流水及喷水,流水可在视觉上保持空间的联系,同时又能划定空间与空间的界限,喷水丰富了广场空间的层次,活跃了广场的气氛。

水景在广场空间的设计有3种:

①作为广场主题,水景占广场的相当部分,其他的一切设施均围绕水景展开。

②局部主题,水景只成为广场局部空间领域内的主体,成为该局部空间的主题。

③辅助、点缀作用,通过水景来引导或传达某种信息。

设计水景时,应先根据实际情况,确定水体在整个广场空间环境中的作用和地位后再进行设计,这样才能达到预期效果。

7.4.4　广场绿化设计

广场绿化设计是广场设计中不可缺少的组成部分,是广场设计的主要辅助手段之一。

1.广场绿化设计的分类

广场绿化设计首先要考虑广场的不同使用类型,一般可分为以下几个基本类型:

①政治性、纪念性和文化性广场,包括首都和各类城市的政治集会广场、政府和议会建筑前广场、纪念性广场等,绿化要求严整、雄伟,多为对称式布局。

②公共建筑物前广场,包括剧场、俱乐部、体育馆、展览馆等建筑物前广场,绿化主要是起着陪衬、隔离、遮挡等作用。

③客运站前广场,包括火车站、民用机场和客运码头前广场是旅客集散、短时停留的场所,广场绿化布置应适应人流、车流集散的要求,同时还要创造出比较开敞、明快的效果。

④道路交通广场,包括城市主要道路交叉口等,绿化设计应考虑疏导车辆和行人有序通行的要求,保证交通安全。面积较小的广场可采取草坪、花坛为主的封闭式布置形式,较大的广场可用树丛、灌木和绿篱组成不同形态的优美空间。

2.广场绿化设计手法

(1)广场草坪

广场草坪是广场绿化设计运用中最普遍的手法之一。

广场草坪是指多年生矮小草本植株密植,并经人工修剪成平整的人工草地。草坪在广场中形成通风道,能降低温度。

广场草坪一般布置在广场辅助性空地上,供观赏、游戏之用。广场草坪空间具有开阔宽广的视线,能引导视线,增加景深和层次,并能充分衬托广场形态美感。

广场草坪一般根据广场用途的不同进行分类,可分为休闲、游戏广场草坪和观赏性广场草坪。休闲、游戏广场草坪可开放,供人入内休息、散步。草坪一般选用叶细、韧性较大、较耐踩踏的草种。观赏性广场草坪不开放,不能进入游戏。草坪一般选用颜色碧绿均一、绿色期较长、能耐炎热且能抗寒的草种。

(2)广场花坛与花池

广场花坛与花池设计是广场绿化形态和广场建筑语言的基本手段之一。广场花坛与花池又通常被称为广场立体绿化的主要造型要素。广场花坛与花池一般要高出地面0.5~1.0 m。

花坛、花池应根据广场地形、位置需要而加以"随形"变化。它的基本形式有花带式、花兜式、花台式、花篮式等,既可以固定,也可以不固定,还可以与座椅、栏杆、灯具等广场设施结合起来进行统一处理。

适当的广场花坛、花池造型设计可以对广场平面和立面形态设计加以丰富、变化。同时,也对绿化形态处理带来多种多样造型变化的可能性。

广场花坛、花池形式变化主要在高差和形状两个方面。在设计时,必须与广场整体形式统一处理。

广场花坛与花池的栽植床应高于地面,以利于排水,土壤厚度为:栽植一年生花卉及草皮0.2 m,栽植多年生花卉及灌木0.4 m,植床下应有排水设施。

(3)广场花架

广场花架也称绿廊,一般用于非政治性广场。它可在小型休闲广场的边缘进行布置,在广场中起点缀作用,也可以提供休息、遮阴、纳凉的场所,用花架联系空间,并进行空间的变化。

7.4.5 广场色彩设计

色彩是广场设计最重要的手段之一,它是广场设计中最易创造气氛和情感的要素。

广场色彩设计应结合广场的使用性质、功能,所处的气候条件、自然环境和广场周围的建筑环境以及广场本身的建筑材料特点进行整体设计。

1.广场使用性质对广场色彩设计的影响

①色彩对广场使用的性质、风格、体形及规模的影响。规模比较大的广场宜采用明度

高、彩度低的色彩,规模比较小的彩度可以高些。明亮的暖色可使广场具有明快的感觉。

②应根据广场建筑材料表面的颜色、质感及其热工状况,充分利用表面材料的本色和表面效果,还可以充分利用建筑材料的光面与毛面,由于反射与阴影等而改变其色彩的明度和彩度。

③广场所在地区气候条件对广场色彩设计的影响。

④广场所在环境对广场色彩设计的影响。

⑤一般建筑材料和地方性建筑材料对广场色彩设计的影响。

2.色彩在广场设计中的作用

①运用色彩可以加强广场造型的表现力。

②运用色彩可以丰富广场空间形态效果。

③运用色彩可以加强广场造型的统一效果,完善广场造型。

复习思考题

1.简述广场的分类及各类广场的特点。

2.广场雕塑设计的类型有哪些?

3.现代城市广场设计的基本原则有哪些?

参 考 文 献

[1]文国玮.城市交通与道路系统规划[M].北京:清华大学出版社,2001.

[2]J·麦克卢斯基.道路型式与城市景观[M].张仲一,卢绍曾,译.北京:中国建筑工业出版社,1992.

[3]熊广忠.城市道路美学:城市道路景观与环境设计[M].北京:中国建筑工业出版社,1990.

[4]王浩,等.城市道路绿地景观设计[M].南京:东南大学出版社,1999.

[5]刘滨谊.城市道路景观规划设计[M].南京:东南大学出版社,2002.

[6]孙丙湘.道路绿化和美化工程[M].北京:人民交通出版社,1983.

[7]弗朗西斯科·阿森西奥·切沃.城市街道与广场[M].甘沛,译.南京:江苏科学技术出版社,2002.

[8]中国城市规划学会.商业区与步行街[M].北京:中国建筑工业出版社,2000.

[9]盖湘涛.城市景观美学[M].长春:东北师范大学出版社,1988.

[10]车生泉.城市绿地景观结构分析与生态规划:以上海市为例[M].南京:东南大学出版社,2000.

[11]同济大学,等.城市园林绿地规划[M].北京:中国建筑工业出版社,2002.

[12]李敏.现代城市绿地系统规划[M].北京:中国建筑工业出版社,2002.

[13]赵建民.园林规划设计[M].北京:中国农业出版社,2001.

[14]周维权.中国古典园林史[M].北京:清华大学出版社,1996.

[15]余树勋.园林美与园林艺术[M].北京:科学技术出版社,1987.

[16]胡长龙.园林规划设计[M].北京:中国农业出版社,1995.

[17]唐学山.园林设计[M].北京:中国林业出版社,1997.

[18]温扬真.园林设计原理[M].南宁:广西教育出版社,1996.

[19]郑宏.广场设计[M].北京:中国林业出版社,2000.

[20]成海钟.园林设计与观赏植物[M].北京:中国农业出版社,1999.

[21]王汝诚.园林规划设计[M].北京:中国建筑工业出版社,1999.

[22]刘少宗.中国园林设计优秀作品集锦:海外篇[M].北京:中国建筑工业出版社,1999.

[23]封云.公园绿地规划设计[M].北京:中国林业出版社,1996.

[24]吴为廉.景园建筑工程规划与设计[M].上海:同济大学出版社,1996.

[25]王先德.园林绿化技术读本[M].北京:化学工业出版社,2004.

[26]吴钰萍,周玉珍.园林绿化高级教程[M].沈阳:辽宁科学技术出版社,2005.

[27]胡林,边秀举,阳新玲.草坪科学与管理[M].北京:中国农业大学出版社,2001.

[28]梁磊.绿化工小手册[M].北京:中国电力出版社,2007.

[29]董三孝.园林工程施工与管理[M].北京:中国林业出版社,2004.

[30]梁伊任,杨永胜,王沛永.园林建设工程[M].北京:中国城市出版社,2000.

[31]赵建民.园林设计初步[M].北京:中国农业出版社,2007.

[32]陈有民.园林树木学[M].北京:中国林业出版社,1990.

[33]张建林.园林工程[M].北京:中国农业出版社,2002.

[34]王浩,谷康,高晓君.城市休闲绿地图录[M].北京:中国林业出版社,2000.

[35]中国城市规划设计研究院.中国新园林[M].北京:中国林业出版社,1985.

[36]储椒生,陈樟德.园林造景图说[M].上海:上海科学技术出版社,1988.

[37]诺曼 K·布思.风景园林设计要素[M].曹礼昆,曹德鲲,译.北京:中国林业出版社,1989.

[38]毛培琳.园林铺装[M].北京:中国林业出版社,1992.

[39]刘管平,宛素春.建筑小品实录[M].北京:中国建筑工业出版社,1993.

[40]苏雪痕.植物造景[M].北京:中国林业出版社,1994.

[41]沈葆久.深圳新园林[M].深圳:海天出版社,1994.

[42]黄金琦.屋顶花园设计与营造[M].北京:中国林业出版社,1994.

[43]李征.园林设计[M].北京:中国建筑工业出版社,1995.

[44]艾定增.景观园林新论[M].北京:中国建筑工业出版社,1995.

[45]黄晓鸾.园林绿地与建筑小品[M].北京:中国建筑工业出版社,1996.

[46]刘少宗.中国优秀园林设计集(二)[M].天津:天津大学出版社,1997.

[47]周武忠.风景名胜与园林规划[M].北京:中国农业出版社,1999.

[48]杨文珍,祝善忠.中国园林艺术[M].北京:中国旅游出版社,1999.

[49]卢仁.园林建筑装饰小品[M].北京:中国林业出版社,2000.

[50]章俊华.居住区景观设计[M].北京:中国建筑工业出版社,2001.

[51]黄东兵.园林规划设计[M].北京:高等教育出版社,2001.

[52]陈跃中.休闲社区——现代居住环境景观设计手法探讨[J].中国园林,2003(1):12-16.